ゼロからはじめ

OP
Reno9 A / 7 A

OPPO Reno9 A / 7 A

スマートガイド

技術評論社編集部 著

技術評論社

■ CONTENTS

Chapter 1

OPPO Reno9 A ／ 7 A のキホン

Chapter 2

電話機能を使う

Chapter 3
メールやインターネットを利用する

Chapter 4
Google のサービスを利用する

■ CONTENTS

Chapter 5
便利な機能を使ってみる

Chapter 6
独自の機能を利用する

Chapter 7
Reno9 A ／ 7 A を使いこなす

OPPO Reno9 A／
7 Aのキホン

OPPO Reno9 A ／ 7 Aについて

OS・Hardware

Reno9 AとReno7 Aは、OPPOが販売しているスマートフォンで「ColorOS」を搭載しています。Renoシリーズは低価格ながら機能が豊富で人気のモデルです。

Reno9 A ／ 7 Aの各部名称を覚える

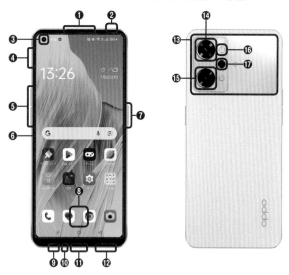

❶	レシーバー	❿	メインマイク
❷	サブマイク	⓫	USB Type-C接続端子
❸	フロントカメラ（インカメラ）	⓬	スピーカー
❹	SIMカード／ SDカードトレイ	⓭	NFC検出エリア
❺	音量ボタン	⓮	メインカメラ（アウトカメラ）
❻	ディスプレイ（タッチパネル）	⓯	超広角カメラ（アウトカメラ）
❼	電源ボタン	⓰	フラッシュライト
❽	指紋センサー	⓱	マクロカメラ（アウトカメラ）
❾	イヤホン端子		

Reno9 AとReno7 Aの違い

本書の解説は、Reno9 AはSIMフリー版、ワイモバイル版、楽天モバイル版に対応し、Reno7 AはSIMフリー版に対応しています。Reno9 AはReno7 Aに比べてメモリが強化されていますが、性能・機能的な違いはほぼありません。

標準モードとドロワーモード

ホーム画面は、iPhoneのようにホーム画面にすべてのアプリが配置される「標準モード」と、一般的なAndroidスマホのように必要なアプリだけをホーム画面に配置させる「ドロワーモード」を選べます。本書はSIMフリー版のReno9 A（標準モード）を基本に解説します。なお、ワイモバイル版は「ドロワーモード」が標準設定されています。ワイモバイル版、楽天モバイル版、そしてReno7 Aで操作が異なる場合は都度注釈を入れています。

●「標準モード」はホーム画面でアプリを管理する

1. ホーム画面を左方向にフリックします。

2. 右のページが表示されます。アイコンをタップすると、アプリが起動します。

●ドロワーモードで「アプリ一覧」画面を表示する

1. ホーム画面を上方向にフリックします。

2. 「アプリ一覧」画面が表示されます。アイコンをタップすると、アプリが起動します。

MEMO ColorOSとは

ColorOSとはAndroidを元にOPPOが独自にカスタマイズしたOSです。操作感が少し違いますが、Android搭載スマートフォンと同様の操作ができます。本書ではReno9 Aに標準搭載のColorOS 13を基本に解説します。また、Reno7 Aについても、ColorOS 13にアップデートした状態で確認しています。

電源のオン／オフとロックの解除

OS・Hardware

電源の状態にはオン、オフ、スリープモードの3種類があります。3つのモードはすべて電源ボタンで切り替えが可能です。一定時間操作しないと、自動でスリープモードに移行します。

ロックを解除する

1 スリープモードで電源ボタンを押します。

押す

2 ロック画面が表示されるので、上方向にスワイプします。

スワイプする

3 ロックが解除されます。再度電源ボタンを押すとスリープモードになります。

MEMO　スリープモードとは

スリープモードは画面の表示が消えている状態です。バッテリーの消費をある程度抑えることはできますが、通信などは行っており、スリープモードを解除すると、すぐに操作を再開することができます。また、操作をしないと一定時間後に自動的にスリープモードに移行します。

電源を切る

1 画面が表示されている状態で、電源ボタンと音量ボタンの上ボタンを同時に押します。Reno7 Aは音量ボタンのみを長押しします。

同時に押す

2 メニューが表示されるので、◯を下方向へスライドします。

スライドする

3 電源がオフになります。電源をオンにするには、電源ボタンを一定時間長押しします。

長押しする

MEMO ロック画面からのアプリの起動

ロック画面に表示されているアイコンをドラッグすることで、カメラやロック画面マガジンを直接起動することができます。

ドラッグする

Section **03**

基本操作を覚える

OS・Hardware

Reno9 A ／ 7 Aの操作は、タッチスクリーンと本体下部のボタンを、指でタッチやスワイプ、またはタップすることで行います。ここでは、ボタンの役割、タッチパネルの操作を紹介します。

ボタンの操作

履歴ボタン　ホームボタン　戻るボタン

MEMO ナビゲーションジェスチャーを利用する

ナビゲーションジェスチャーを利用することもできます。「設定」アプリを起動し、[その他の設定]→[システムナビゲーション]をタップすると、ナビゲーションボタンのレイアウトが選択でき、[ジェスチャー] を選択すると、画面のように何も表示されなくなり（バーの表示設定も可）、画面を広く使えるようになります（Sec.66参照）。

キーアイコン	
戻るボタン◁	1つ前の画面に戻ります。ワイモバイル版は標準で左側です。
ホームボタン□	ホーム画面が表示されます。一番左のホーム画面以外を表示している場合は、一番左の画面に戻ります。ロングタッチでGoogleアシスタント（Sec.33参照）が起動します。
履歴ボタン☰	最近操作したアプリのリストがサムネイル画面で表示されます（P.21参照）。ワイモバイル版は標準で右側です。

タッチパネルの操作

タップ／ダブルタップ

タッチパネルに軽く触れてすぐに指を離すことを「タップ」といいます。同じ位置を2回連続でタップすることを、「ダブルタップ」といいます。

ロングタッチ

アイコンやメニューなどに長く触れた状態を保つことを「ロングタッチ」といいます。

ピンチアウト／ピンチイン

2本の指をタッチパネルに触れたまま指を開くことを「ピンチアウト」、閉じることを「ピンチイン」といいます。

スワイプ（スライド）

画面内に表示しきれない場合など、タッチパネルに軽く触れたまま特定の方向へなぞることを「スワイプ」または「スライド」といいます。

フリック

タッチパネル上を指ではらうように操作することを「フリック」といいます。

ドラッグ

アイコンやバーに触れたまま、特定の位置までなぞって指を離すことを「ドラッグ」といいます。

ホーム画面の使い方

タッチパネルの基本的な操作方法を理解したら、ホーム画面の見方や使い方を覚えましょう。本書ではホーム画面を、SIMフリー版Reno9 Aの「標準モード」で解説しています。

OS・Hardware

1 ホーム画面の見かた

ウィジェット
アプリが取得した情報の表示や、設定の切り替えができます。タップするとアプリが起動します。

ステータスバー
状態を表示するステータスアイコンや、通知アイコンが表示されます。

9:20
7月10日(月)

クイック検索ボックス
タップすると、検索画面やフィードが表示されます。

アプリアイコンとフォルダ
タップするとアプリが起動したり、フォルダの中身が表示されたりします。

ホーム画面の位置
現在表示中のホーム画面の位置が表示されます。

ナビゲーションボタン
操作するボタンが表示されます(Sec.66参照)。

ドック
タップすると、アプリが起動します。なお、この場所に表示されているアイコンは、どのホーム画面にも表示されます。

14

ホーム画面を左右に切り替える

① ホーム画面は、左右に切り替えることができます。まずは、左方向にフリックします。

フリックする

② 1つ右の画面に切り替わります。なお、アプリなどが置かれていないと、画面は変わりません。

③ 右方向にフリックすると、もとの画面に戻ります。

フリックする

MEMO ホーム画面を右方向にフリック

ホーム画面を右方向にフリックすると、ニュースや検索といったGoogleのサービスがひとまとめになった「Google Discover」を表示することができます（Sec.34参照）。

情報を確認する

OS・Hardware

画面上部に表示されるステータスバーには、さまざまな情報がアイコンとして表示されます。ここでは、表示されるアイコンや通知の確認方法、通知の削除方法を紹介します。

1 ステータスバーの見かた

通知アイコン

不在着信や新着メール、実行中のアプリの動作などを通知するアイコンです。

ステータスアイコン

電波状況やバッテリー残量、現在の時刻など、主に本体の状態を表すアイコンです。

通知アイコン	
	新着SMSあり
	不在着信あり
	「おサイフケータイ」アプリ通知あり
	新着Gmailあり
	「フォト」アプリ通知あり
	非表示の通知情報あり

ステータスアイコン	
	マナーモード（バイブ）設定中
	サイレントモード設定中
	無線LAN（Wi-Fi）使用可能
	データ通信状態
	バッテリー状態
	機内モード設定中

通知バーを利用する

① 通知を確認したいときは、ステータスバーを下方向にスライドします。

スライドする

② 通知バーに通知が表示されます。通知をタップすると、対応アプリが起動します。通知バーを閉じるときは、◁をタップします。

タップする

通知バーの見かた

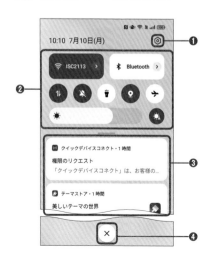

❶	タップすると、「設定」アプリが起動します。
❷	コントロールセンターのタイル（設定ボタン）。タップして各機能のオン／オフを切り替えます。画面を下にフリックすると、ほかのタイルが表示されます。
❸	通知や本体の状態が表示されます。右にフリックすると、通知を消去できます。
❹	通知を消去します。

コントロールセンターを利用する

コントロールセンターに表示されるタイル（設定ボタン）を利用すると、「設定」アプリなどを起動せずに、各機能のオン／オフを切り替えることができます。

OS・Hardware

機能をオン／オフする

1
ステータスバーを下方向にスライドします。なお、2本指で下方向にスライドすると、手順③の画面が表示されます。

スライドする

13:18

7月10日(月)

2
コントロールセンターのタイル（設定ボタン）が表示されています。青いアイコンが機能がオンになっているものです。タップするとオン／オフを切り替えることができます。画面を下方向にフリックします。

13:18 7月10日(月)

🔘 ISC2113 ›　　　⭐ Bluetooth ›

タップして切り替え　　フリックする

3
ほかのタイルが表示されます。アイコンをロングタッチすることで、設定画面が表示できるアイコンがあります。ここでは🔕をロングタッチします。

🔘 ISC2113　　ロングタッチする

イルデータ　マナーモー　フラッシュ　位置情報
5G

機内モード　デバ　　スワイプして切り替え

4
「設定」アプリの「サウンドとバイブ」画面が表示され、マナーモードの設定を行うことができます。

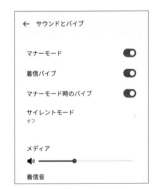

← サウンドとバイブ

マナーモード　🔵

着信バイブ　🔵

マナーモード時のバイブ　🔵

サイレントモード
オフ　›

メディア
🔊 ━━━━●━━━

着信音

タイル（設定ボタン）を編集する

① P.18手順③の画面で ⋮ をタップします

② [タイルを編集]をタップします。

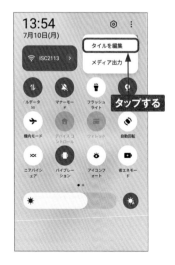

③ 並べ替えたいタイルをロングタッチして、移動したい位置までドラッグします。同じ操作で、上部のタイルの順番を変更することもできます。

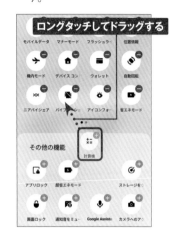

④ 指を離して、← をタップします。使用頻度の高い機能は最上段にくるように並べ替えましょう。

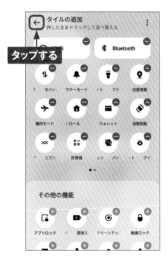

Section 07

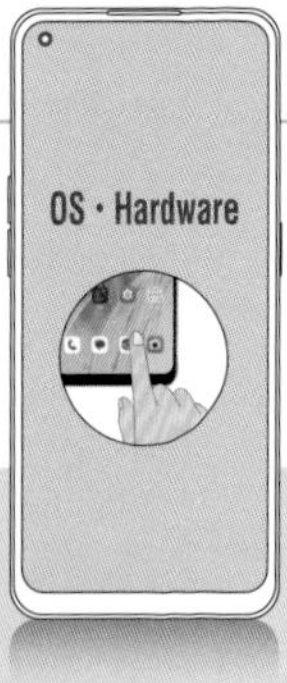
OS・Hardware

アプリを利用する

アプリを起動するには、ホーム画面、または「アプリ一覧」画面のアイコンをタップします。ここでは、アプリの終了方法や切り替えかたもあわせて覚えましょう。

1

アプリを起動する

1 ホーム画面を表示し、ここでは［Google］をタップします。

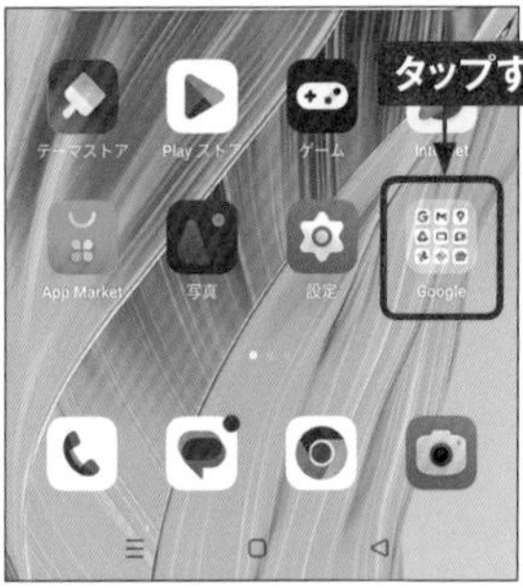
タップする
テーマストア
Play ストア
ゲーム
App Market
写真
設定
Google

2 「Google」フォルダの中身が表示されました。ここでは、［ニュース］をタップします。

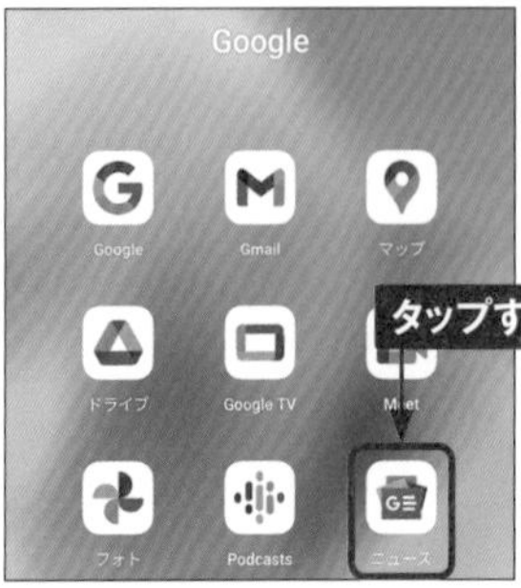
Google
Google
Gmail
マップ
ドライブ
Google TV
タップする
フォト
Podcasts
ニュース

3 「ニュース」アプリが起動します。アプリの起動中に◁をタップすると、1つ前の画面（ここではホーム画面）に戻ります。

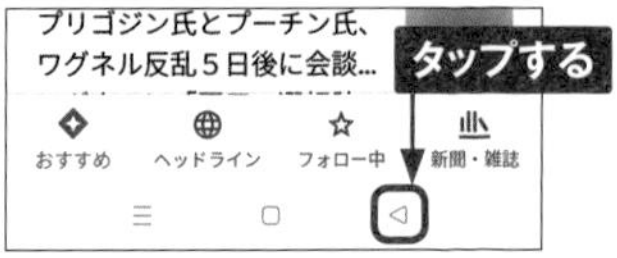
プリゴジン氏とプーチン氏、
ワグネル反乱５日後に会談...
タップする
おすすめ
ヘッドライン
フォロー中
新聞・雑誌

MEMO **アプリのアクセス許可**

アプリの初回起動時に、アクセス許可を求める画面が表示されることがあります。その際は［許可］をタップして進みます。許可しない場合、アプリが正しく機能しないことがあります（Sec.71参照）。

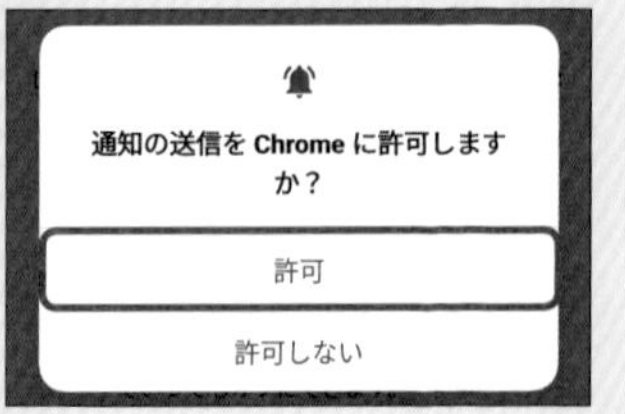
通知の送信を Chrome に許可します
か？
許可
許可しない

アプリを切り替える

① アプリの起動中やホーム画面で ≡ をタップします。

タップする

② 最近使用したアプリがサムネイル表示されるので、利用したいアプリを、左右にフリックして表示し、タップします。

タップする

すべて閉じる

③ タップしたアプリが起動します。

MEMO アプリの終了

手順②の画面で、終了したいアプリを上方向にフリックすると、アプリが終了します。また、下部の [全て閉じる] をタップすると、起動中のアプリがすべて終了します。なお、あまり使っていないアプリは自動的に終了されるので、基本的にはアプリは手動で終了する必要はありません。

OS・Hardware

分割画面を利用する

Reno9 A ／ 7 Aには、アプリを上下に分割して表示できる「分割画面モード」機能があります。なお、分割表示に対応していないアプリもあります。

画面を分割表示する

(1) P.21手順②の画面を表示します。

(2) 上側に表示させたいアプリ（ここでは[Chrome]）の ⋮ をタップし、[分割画面]をタップします。

① タップする
② タップする

(3) 続いて、下側に表示させたいアプリ（ここでは[Playストア]）のをホーム画面や「アプリ一覧」画面から起動します。

タップする

(4) 選択した2つのアプリが分割表示されます。中央の●●●●を上下にフリックすると、分割表示を終了できます。

フリックする

分割表示したアプリを切り替える

●画面の上下を入れ替える

1 中央の●●●をタップして表示された [両側の位置を入れ替える] をタップします。

2 画面の上下が入れ替わりました。

●上下の表示幅を変更する

1 中央の●●●を上または下にドラッグします。

2 上下画面の表示幅が変わりました。

Section 09

ウィジェットを利用する

Application

ホーム画面にはウィジェットを配置できます。ウィジェットを使うことで、情報の閲覧やアプリへのアクセスをホーム画面上から簡単に行えます。

1 ウィジェットとは

ウィジェットとは、ホーム画面で動作する簡易的なアプリのことです。情報を表示したり、タップすることでアプリにアクセスしたりすることができます。標準で多数のウィジェットがあり、Google Playでアプリをダウンロードするとさらに多くのウィジェットが利用できます。これらを組み合わせることで、自分好みのホーム画面の作成が可能です。ウィジェットの移動や削除は、ショートカットと同じ操作で行えます。

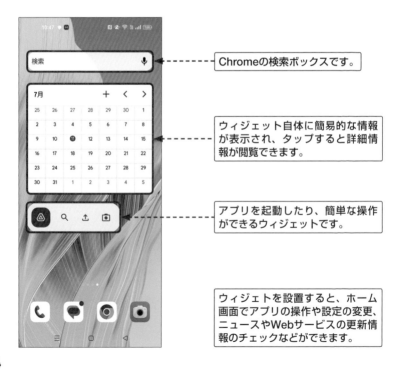

Chromeの検索ボックスです。

ウィジェット自体に簡易的な情報が表示され、タップすると詳細情報が閲覧できます。

アプリを起動したり、簡単な操作ができるウィジェットです。

ウィジェットを設置すると、ホーム画面でアプリの操作や設定の変更、ニュースやWebサービスの更新情報のチェックなどができます。

24

ウィジェットを追加する

(1) ホーム画面をロングタッチし、[ウィジェット] をタップします。

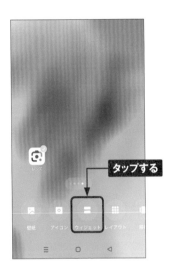

タップする

(2) ウィジェットが表示されるので、追加したいウィジェットをロングタッチします。ここでは、[カレンダー スケジュール] をロングタッチします。

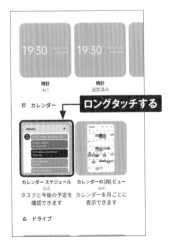

時計
4x1

時計
追加済み

カレンダー

ロングタッチする

カレンダー スケジュール
2x3
タスクと今後の予定を確認できます

カレンダーの [月] ビュー
4x4
カレンダーを月ごとに表示できます

ドライブ

(3) ホーム画面が表示されるので、設置したい場所にドラッグして指を離します。

指を離す

(4) [完了]をタップして終了です。ウィジェットを削除したい場合は、ウィジェットをロングタッチして表示された [ウィジェットを削除する] をタップします。

完了

火
7月11日

エントリなし

タップする

MEMO ホーム画面を追加する

ホーム画面にウィジェットを置くスペースがない場合は、ホーム画面を追加します。ショートカットやウィジェットを追加する際に画面の右端にドラッグすると、追加のホーム画面が表示されます。

25

文字を入力する

Application

Reno9 A ／ 7 Aでは、ソフトウェアキーボードで文字を入力します。
「12キー」(一般的な携帯電話の入力方法)や「QWERTY」(パ
ソコンと同じキー配置)などを切り替えて使用できます。

1 文字の入力方法

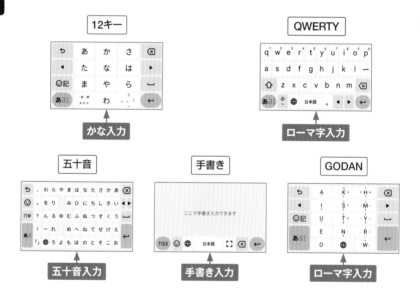

12キー

かな入力

QWERTY

ローマ字入力

五十音

五十音入力

手書き

手書き入力

GODAN

ローマ字入力

MEMO 5種類の入力方法

Reno9 A ／ 7 Aには、携帯電話で一般的な「12キー」、パソコンと同じキー
配置の「QWERTY」のほか、手書き入力の「手書き」、「12キー」や「QWERTY」
とは異なるキー配置のローマ字入力の「GODAN」、五十音のキー配列の「五十
音」の5種類の入力方法があります。なお、本書では「手書き」、「GODAN」、
「五十音」は解説しません。

キーボードを使う準備をする

1 初めてキーボードを使う場合は、「入力レイアウトの選択」画面が表示されます。[スキップ] をタップします。

タップする

2 12キーのキーボードが表示されます。✿をタップします。

タップする

3 [言語] → [キーボードを追加] → [日本語] の順にタップします。

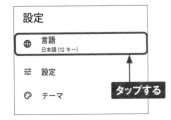

タップする

4 追加したいキーボードをタップして選択し、[完了] をタップします。

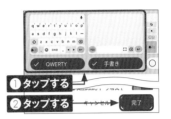

①タップする
②タップする

5 キーボードが追加されます。←を2回タップすると手順②の画面に戻ります。

タップする

MEMO キーボードの切り替え

キーボードを追加したあとは手順②の画面で⁞がⓌに切り替わるので、Ⓦをロングタッチします。切り替えられるキーボードが表示されるので、切り替えたいキーボードをタップすると、キーボードが切り替わります。

②タップする
①ロングタッチする

12キーで文字を入力する

●トグル入力を行う

(1) 12キーは、一般的な携帯電話と同じ要領で入力が可能です。たとえば、あを5回→かを1回→さを2回タップすると、「おかし」と入力されます。

(2) 変換候補から選んでタップすると、変換が確定します。手順①で∨をタップして、変換候補の欄をスライドすると、さらにたくさんの候補を表示できます。

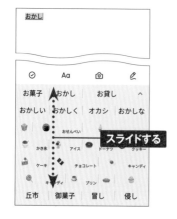

●フリック入力を行う

(1) 12キーでは、キーを上下左右にフリックすることでも文字を入力できます。キーをロングタッチするとガイドが表示されるので、入力したい文字の方向へフリックします。

(2) フリックした方向の文字が入力されます。ここでは、たを下方向にフリックしたので、「と」が入力されました。

QWERTYで文字を入力する

(1) QWERTYでは、パソコンのローマ字入力と同じ要領で入力が可能です。たとえば、g → i の順にタップすると、「ぎ」と入力され、変換候補が表示されます。候補の中から変換したい単語をタップすると、変換が確定します。

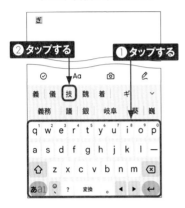

(2) 文字を入力し、[日本語] もしくは [変換] をタップしても文字が変換されます。

(3) 希望の変換候補にならない場合は、◀ / ▶をタップして文節の位置を調節します。

(4) ←をタップすると、濃いハイライト表示の文字部分の変換が確定します。

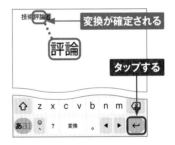

MEMO QWERTYでのロングタッチ入力

QWERTYでは、キーをロングタッチすることで、数字や記号を入力することができます。

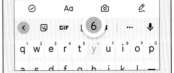

文字種を変更する

(1) あ a 1 をタップするごとに、「ひらがな漢字」→「英字」→「数字」の順に文字種が切り替わります。あのときには、ひらがなや漢字を入力できます。

(2) a のときには、半角英字を入力できます。あ a 1 をタップします。

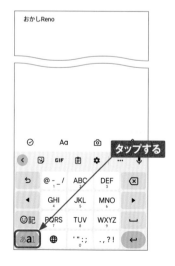

(3) 1 のときには、半角数字を入力できます。再度 あ a 1 をタップすると、ひらがなや漢字の入力に戻ります。

MEMO 全角英数字の入力

[全]と書かれている変換候補をタップすると、全角の英数字で入力されます。

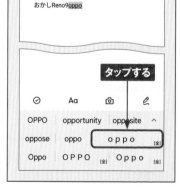

🔲 絵文字や顔文字を入力する

1 絵文字や顔文字を入力したい場合は、☺記をタップします。

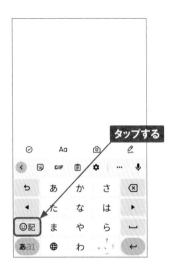

2 「絵文字」の表示欄を上下にスライドし、目的の絵文字をタップすると入力できます。

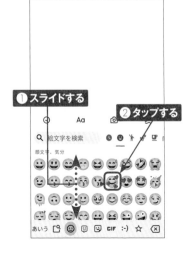

3 顔文字を入力したい場合は、キーボード下部の:)をタップします。あとは手順②と同様の方法で入力できます。記号を入力したい場合は、☆をタップします。

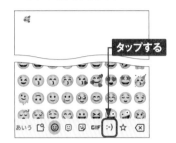

4 あいう をタップします。

5 通常の文字入力に戻ります。

単語リストを利用する

① ユーザー辞書を使用するには、P.27手順②の画面で✿→［単語リスト］の順にタップします。

② 「単語リスト」画面が表示されるので、［単語リスト］→［日本語］→＋の順にタップします。

③ ユーザー辞書に追加したい言葉の「語句」と「よみ」を入力し、✓→←の順にタップします。

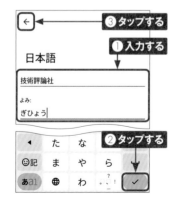

④ ユーザー辞書に「語句」と「よみ」がセットで登録されます。

⑤ 文字の入力画面に戻って、登録した「よみ」を入力すると、変換候補に登録した語句が表示されます。

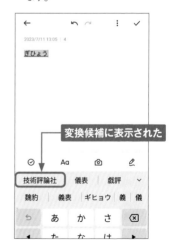

片手モードを使用する

① P.27手順②の画面で … → [片手モード]の順にタップします。「ドラッグしてカスタマイズ」と表示された場合は [OK] をタップします。

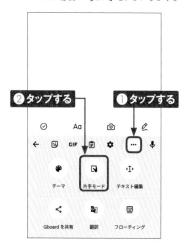

② キーボードが右側に寄った右手入力用のキーボードが表示されます。くをタップします。

③ キーボードが左側に寄った左手入力用のキーボードが表示されます。 をタップします。

④ もとのキーボードに戻ります。

Section **11**

テキストを
コピー&ペーストする

Reno9 A ／ 7 Aは、パソコンと同じように自由にテキストをコピー&ペーストできます。コピーしたテキストは、別のアプリにペースト（貼り付け）して利用することもできます。

Application

テキストをコピーする

1 コピーしたいテキストをロングタッチします。

ロングタッチする

2 テキストが選択されます。●と●を左右にドラッグして、コピーする範囲を調整します。

ドラッグする

3 ［コピー］をタップします。

タップする

4 テキストがコピーされました。

コピーが完了する

34

テキストをペーストする

(1) 入力欄で、テキストをペースト（貼り付け）したい位置をタッチします。

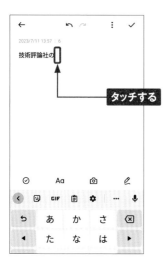

タッチする

(2) P.34手順③でコピーしたテキスト（ここでは「評論」）が表示されるので、タップします。

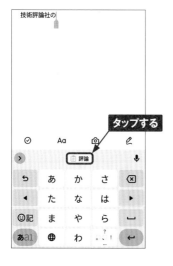

タップする

(3) コピーしたテキストがペーストされます。なお、キーボードの 📋 をタップして［クリップボードをオンにする］をタップすると、これまでのコピー履歴を利用できます。

ペーストされたテキスト

MEMO そのほかのコピー方法

ここで紹介したコピー手順は、テキストを入力・編集する画面での方法です。「Chrome」アプリなどの画面でテキストをコピーするには、該当箇所をロングタッチして選択し、P.34手順②〜③の方法でコピーします。

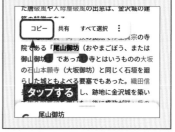

Googleアカウントを設定する

Application

G

Googleアカウントを登録すると、Googleが提供するサービスが利用できます。なお、初期設定で登録済みの場合は、必要ありません。取得済みのGoogleアカウントを利用することもできます。

Googleアカウントを設定する

1 P.17の手順②の画面で、◎をタップします。

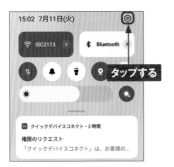

2 「設定」アプリが起動するので、[ユーザーとアカウント] をタップします。

3 [アカウント追加] をタップします。ここに「Google」が表示されていれば、既にGoogleアカウントを設定済みです（P.38手順⑨参照）。

MEMO Googleアカウントとは

Googleアカウントを取得すると、PlayストアからのアプリのインストールやGoogleが提供する各種サービスを便利に利用することができます。アカウントは、メールアドレスとパスワードを登録するだけで作成できます。Googleアカウントを設定すると、Gmailが利用できるようになり、メールが届きます。

④ [Google] をタップします。

← アカウントを追加

M Exchange

G Google

Meet

♪ TikTok

♪ TikTok

M 個人用 (IMAP)

M 個人用 (POP3)

タップする

⑤ 新規にアカウントを取得する場合は、[アカウントを作成] → [自分用] をタップして、画面の指示に従って進めます。

Google

ログイン

Google アカウントでログインしましょう。
詳細

メールアドレスまたは電話番号

メールアドレスを忘れた場合

自分用　←　タップする

子供用

ビジネスの管理用

アカウントを作成　　　　　次へ

⑥ 「アカウント情報の確認」画面が表示されたら、[次へ] をタップします。

Google

アカウント情報の確認

このメールアドレスまたは携帯電話番号
は、後ほどログインに使用できます

技評太朗
gihyo.A9@gmail.com

再設定用の携帯電話番号
090-0000-0000

タップする

次へ

⑦ 「プライバシーポリシーと利用規約」の内容を確認して、[同意する] をタップします。

Google

プライバシーと利用規約

Google アカウントを作成するには、以下の
利用規約への同意が必要です。

Google Play 利用規約にも同意すると、アプ
リの検索や管理を行えるようになります。

また、アカウントを作成する際は、Google の
プライバシー ポリシーと
日本向けのプライバシーに関する
記載されている内容に沿って、ユーザーの情

タップする

同意する

MEMO　既存のアカウントを利用する

取得済みのGoogleアカウントがある場合は、手順⑤の画面でメールアドレスを入力して、[次へ] をタップします。次の画面でパスワードを入力して操作を進めると、P.38手順⑨の画面が表示されます。

⑧ 画面を上方向にスワイプし、利用したいGoogleサービスがオンになっていることを確認して、[同意する]をタップします。

⑨ P.36手順②〜③の過程で表示される「アカウントを管理」画面に戻ります。Googleアカウントをタップします。

⑩ Googleアカウントで同期可能なサービスが表示されます。同期するサービスのチェックを入れて⋮をタップして、[今すぐ同期]をタップします。

⑪ サービスが同期されました。手順⑩でチェックをはずしたサービスは同期がオフになります。

MEMO Googleアカウントの削除

手順⑩の画面で[アカウントを削除]をタップすると、Googleアカウントを削除することができます。

電話機能を使う

電話をかける／受ける

Application

電話操作は発信も着信も非常にシンプルです。発信時はホーム
画面のアイコンからかんたんに電話を発信でき、着信時はドラッグ
またはタップ操作で通話を開始できます。

電話をかける

1 ホーム画面で📞をタップします。

タップする

2 「電話」アプリが起動します。⊕
をタップします。

ワンタップで連絡先に電
話をかけられます

連絡先をお気に入りに追加　タップする

★ お気に入り　　🕐 履歴　　👥 連絡先

3 相手の電話番号をタップして入力
し、［音声通話］をタップすると、
電話が発信されます。

① タップする　　　② タップする

1 ∞	2 ABC	3 DEF
4 GHI	5 JKL	6 MNO
7 PQRS	8 TUV	9 WXYZ
★	0 +	#

📞 音声通話

4 相手が応答すると通話が始まりま
す。📞をタップすると、通話が終
了します。

090-0000-0000

⧖ 00:03

タップする

電話を受ける

1. 電話がかかってくると、着信画面が表示されます（スリープ状態の場合）。 を上方向にドラッグします。また、画面上部に通知で表示された場合は、［応答する］をタップします。

```
着信
090-0000-0000
日本
```

上にスワイプして応 **ドラッグする**

3. をタップすると、通話が終了します。

```
090-0000-0000
⊟ 00:36
```

| 保留 | 録音 | ビデオ通話 | 通話を追加 |
| キーパッド | ミュート | スピーカー | 詳細 |

タップする

2

2. 相手との通話が始まります。通話中にアイコンをタップすると、各機能を利用できます。隠れているアイコンは［詳細］をタップすると表示します。

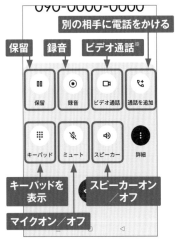

```
090-0000-0000
```

別の相手に電話をかける

保留 **録音** **ビデオ通話※**

| 保留 | 録音 | ビデオ通話 | 通話を追加 |
| キーパッド | ミュート | スピーカー | 詳細 |

キーパッドを表示 **スピーカーオン／オフ**

マイクオン／オフ

※このアイコンは、ワイモバイル版Reno9 Aでは表示されません。

発信や着信の履歴を確認する

Application

電話の発信や着信の履歴は、通話履歴画面で確認します。また、電話をかけ直したいときに通話履歴から発信したり、電話に出られない理由をメッセージ（SMS）で送信したりすることもできます。

発信や着信の履歴を確認する

(1) P.40手順①を参考に「電話」アプリを起動して、[履歴]をタップします。

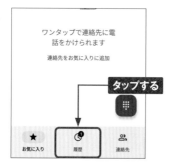

ワンタップで連絡先に電話をかけられます

連絡先をお気に入りに追加

タップする

★ お気に入り　　🕐 履歴　　👥 連絡先

(2) 発着信の履歴を確認できます。履歴をタップして、[履歴を開く]をタップします。

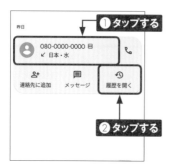

①タップする

昨日

080-0000-0000 🏠
✓ 日本・水

👤+ 連絡先に追加　　▤ メッセージ　　🕐 履歴を開く

②タップする

(3) 通話の詳細を確認することができます。

← 080-0000-0000
日本　　👤+ ⋮

✓ 通話着信 🏠　　16秒
15:29 (水)

📹　　📞 音声通話を発信　　▤

MEMO 履歴の削除

手順②の画面で履歴をロングタッチして、[削除]をタップすると、履歴を削除できます。

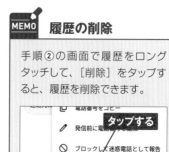

▢ 電話番号をコピー

タップする

✎ 発信前に電話番号を編集

🚫 ブロックして迷惑電話として報告

🗑 削除

42

履歴から電話をかける

(1) P.42手順①を参考に発着信履歴画面を表示します。発信したい履歴の📞をタップします。

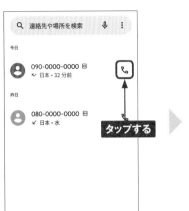

(2) 電話が発信されます。

MEMO 電話に出られない理由をメッセージ（SMS）で送信

着信があっても電話に出られない場合は、出られない理由を相手にメッセージ（SMS）で送ることができます。P.41手順①の画面で、[返信] をタップし、送信するメッセージを候補から選んで入力するか、[カスタム返信を作成] をタップして、好きなメッセージを入力します。

後で折り返し電話します。

現在通話できません。ご要件は何でしょうか？

現在通話できません。後で折り返し電話してください。

もうすぐそちらに到着します。

カスタム返信を作成...

Application

着信拒否を設定する

番号が非通知の人からの着信を拒否することができます。また、特定の番号からの着信を拒否することも、履歴からの着信拒否設定もできます。

番号非通知の着信拒否を設定する

(1) P.42手順②の画面で ┆ をタップします。

(2) [設定] をタップします。

(3) 「設定」画面が表示されたら、[ブロック中の電話番号] をタップします。

(4) [不明] をオンにすると、番号非通知からの着信を拒否できます。

電話番号を指定して着信拒否する

1 P.44手順④の画面で、[電話番号を追加する] をタップします。

2 着信を拒否したい番号を入力し、[着信拒否設定] をタップします。

❶入力する ❷タップする

3 設定した番号からの着信が拒否されます。

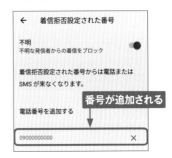

番号が追加される

4 番号の右の×→ [着信拒否設定を解除] の順にタップすると、拒否設定を解除できます。

タップする

MEMO 履歴から着信拒否を設定する

P.42MEMOの画面で、[ブロックして迷惑電話として報告]→[ブロック] とタップすると、履歴の番号が着信拒否設定されます。

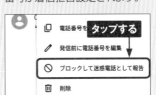

タップする

Section **16**

連絡帳を利用する

Application

電話番号やメールアドレスなどの連絡先を新規登録する際は、「連絡帳」アプリを使います。また、通話履歴から連絡先を登録することも可能です。

連絡先を新規登録する

1 ホーム画面で［ツール］をタップします。ドロワーモード（P.9参照）ではアプリ一覧を表示します。

タップする

2 ［連絡帳］をタップします。

タップする

3 「連絡帳」アプリ画面の下部にある ＋ をタップします。

≡ 連絡先を検索 ⋮ 太朗

ここから［設定］と［ヘルプとフィードバック］にアクセスできるようになりました

タップする

＋

4 入力欄をタップし、「姓」と「名」を入力します。キーボードの ↵ をタップすると、カーソルが「よみがな」に移動するので、続けて入力します。

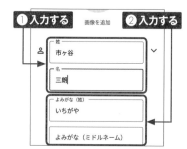

① 入力する　画像を追加　② 入力する

姓
市ヶ谷

名
三朗

よみがな（姓）
いちがや

よみがな（ミドルネーム）

(5) 続けて、電話番号、メールアドレスなどを入力します。必要事項をすべて入力したら、[保存]をタップします。

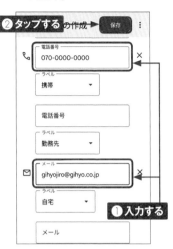

(6) 登録が完了すると、連絡先の情報画面が表示されます。◁をタップすると、連絡先画面に戻ります。

(7) 入力した連絡先が登録されます。

MEMO　連絡先のエクスポート／インポート

Sec.12でGoogleアカウントを設定すると、作成した連絡先はGoogleアカウントに保存されるので、機種変更をしても連絡先を移行する必要はありません。ただし、別のGoogleアカウントに変更する場合は、連絡先のエクスポート／インポートを行う必要があります。手順⑦の画面の[修正と管理]→[ファイルへエクスポート]で連絡先ファイルを作成し、新しいGoogleアカウントを登録した後に[ファイルからインポート]で連絡先ファイルを取り込みます。

連絡先を通話履歴から登録する

① ホーム画面で📞をタップします。

タップする

② 発着信履歴画面(P.42参照)から、連絡先に登録したい電話番号をタップします。名前が表示されているものは、すでに連絡先情報が登録されています。

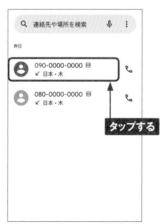

タップする

③ [連絡先に追加]をタップします。Googleアカウントが登録されていると、次に保存先を選択する画面が表示されます。

タップする

④ 連絡先の情報を登録します。入力が完了したら、[保存]をタップします。

❷タップする

❶入力する

保存先: gihyo.a9@gmail.com ∨

姓
鳩ヶ谷

名
薫

よみがな(姓)
はとがや

よみがな(ミドルネーム)

よみがな(名)
かおる

電話番号
090-0000-0000

ラベル
携帯 ▼

詳細　　　　　既存の連絡先に追加

自分の連絡先を確認／編集する

1 P.46手順①〜②を参考に「連絡帳」アプリを起動し、画面右上のアカウントアイコンをタップし、[連絡帳の設定] をタップします。

3 右上の✎をタップして、P.46手順④〜P.47手順⑤を参考に、よみがなやメールアドレスなどの情報を入力して、[保存] をタップし、登録します。

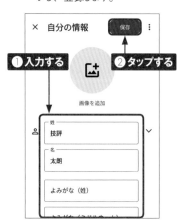

2 [自分の情報] をタップします。

MEMO 連絡先への写真の登録

連絡先の情報として、相手や自分の写真やイラストを登録できます。手順③の連絡先の編集画面を表示して、🖻をタップします。保存されている写真を選ぶか、写真を撮影して登録します。また、イラストを選択することもできます。

電話をかける／受ける （楽天モバイル版）

Application

楽天モバイル版では無料で通話ができる「Rakuten Link」アプリを使って電話の送受信をします。ここでは、「Rakuten Link」を使うための設定、電話のかけ方、受け方を説明します。

Rakuten Linkの設定をする

(1) ホーム画面で🍀をタップします。

タップする

(2) 初回は楽天モバイル回線の契約が必要となります。[同意してはじめる]をタップして、指示に従って進めます。

す。

Rakuten Linkを利用するには、楽天グループ
のグループ会社の 規約及び個人情報保護方針 への同意が
必要です。アプリ内のメッセージと通話機能を利用するに
は、楽天モバイル株式会社の 規約 及び 個人情報保護方針
への同意が必要です。

タップする

同意してはじめる

(3) 次に、楽天会員のログインが必要となります。[ログイン画面へ]をタップして、指示に従って進めます。

タップする

Rakuten Linkを利用するには、
ログインが必要です。

ログイン画面へ

(4) 最後にRakuten Linkネームとプロフィール画像の公開範囲を設定して[完了]をタップします。

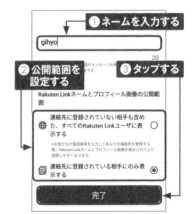

❶ネームを入力する

gihyo

❷公開範囲を設定する

❸タップする

Rakuten Linkネームとプロフィール画像の公開範囲

⊕ 連絡先に登録されていない相手も含めた、すべてのRakuten Linkユーザに表示する ○

＊お友だちが電話番号を入力してあなたの連絡先を登録する
際、Rakuten Linkネームとプロフィール画像が表示されてより
登録しやすくなります。

📱 連絡先に登録されている相手にのみ表示する ◉

完了

電話をかける

① ホーム画面で @ をタップして、「Rakuten Link」アプリを起動します。 % をタップします。初回は許可などを求める画面が表示されるので指示に従って進めます。

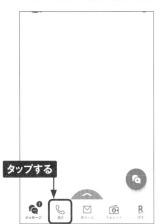

タップする

② 「通話」の画面になります。 ⊞ をタップします。

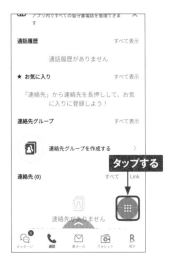

通話履歴 すべて表示

通話履歴がありません

★ お気に入り すべて表示

「連絡先」から連絡先を長押しして、お気に入りに登録しよう！

連絡先グループ すべて表示

連絡先グループを作成する

タップする

連絡先 (0) すべて Link

連絡先がありません

③ 相手の電話番号をタップして入力し、 📞 をタップすると、電話が発信されます。

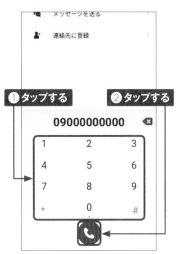

メッセージを送る

連絡先に登録

❶ タップする ❷ タップする

09000000000

1	2	3
4	5	6
7	8	9
*	0	#

④ 相手が応答すると通話が始まります。 📞 をタップすると通話が終了します。

090-0000-0000 00:02

Rakuten Link で通話中
LTE ネットワーク品質: 最適

タップする

ミュート メッセージ スピーカー

ビデオ キーパッド

📃 電話を受ける

(1) 電話がかかってくると、着信画面が表示されます（スリープ状態の場合）。📞をタップします。また、画面上部に通知で表示された場合は、[応答] をタップします。

(2) 相手との通話が始まります。通話中にアイコンをタップすると、ミュートなどの機能を利用できます。なお、ビデオ通話は相手もRakuten Linkの場合のみ利用できます。

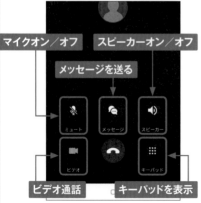

マイクオン／オフ　スピーカーオン／オフ

メッセージを送る

ビデオ通話　　キーパッドを表示

(3) 📞をタップすると、通話が終了します。

タップする

MEMO Rakuten Linkでは着信拒否設定できない

楽天モバイル版の「Rakuten Link」アプリでは着信拒否設定ができません。着信拒否をする場合は、Rakuten Linkから必ずログアウトして、「電話」アプリの「設定」から「ブロックとフィルター」画面で設定する必要があります。ただし、「電話」アプリを使うと通話料がかかるので、注意しましょう。また、楽天モバイル版の「電話」アプリはカスタマイズされており、SIMフリー版等とは見た目も機能も少し違っています。

📞 **楽天モバイル版「電話」アプリ**

← ブロックとフィルター

着信をブロック　　　　　　　　＞

通話履歴から電話をかける

1 P.51手順①〜②を参考に通話
履歴画面を表示します。発信し
たい履歴の📞をタップします。

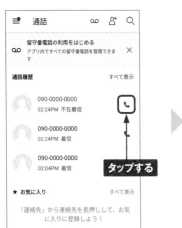

2 電話が発信されます。

 電話に出られない理由をメッセージ（SMS）で送信

「Rakuten Link」アプリでも、着信があっても電話に出られない場合は、出られない理由を相手にメッセージ（SMS）で送ることができます。P.52手順①の画面で、［メッセージ］をタップし、送信するメッセージを候補から選んで入力するか、［カスタムメッセージ］をタップして、好きなメッセージを入力します。

連絡先を利用する
（楽天モバイル版）

Application

楽天モバイル版では、電話番号やメールアドレスなどを「Rakuten Link」アプリで登録します。通話履歴から連絡先を登録することもできます。

連絡先を新規登録する

1 ホーム画面から「Rakuten Link」アプリを起動します。[通話]をタップして🔿をタップします。

3 連絡先に登録されました。

2 追加したい番号を入力して[次へ]をタップし、各項目を入力して✓をタップします。

4 通話画面の連絡先の項目に表示されます。ここから📞をタップして電話をかけることができます。

通話履歴から連絡先に登録する

(1) ホーム画面から「Rakuten Link」アプリを起動して、[通話] 画面を表示します。

(2) 「通話履歴」から連絡先に登録したい番号をロングタッチして、表示されたメニューから [連絡先への追加] をタップします。

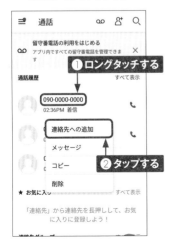

(3) [次へ] をタップします。

(4) P.54手順②のように各項目を入力して、✓をタップします。これで連絡先が登録されました。

55

サウンドや
マナーモードを設定する

Application

メールの通知音や電話の着信音は、「設定」アプリから変更することができます。また、各種音量を設定することもでき、マナーモードは通知パネルから素早く設定することができます。

通知音や着信音を変更する

(1) 「設定」アプリを起動し、[サウンドとバイブ] をタップします。

設定

- ホーム画面とロック画面　**タップする**
- ディスプレイと明るさ 〉
- サウンドとバイブ 〉
- 通知とステータスバー 〉

- アプリ 〉

(2) [着信音] または [通知音] をタップします。ここでは[着信音]をタップします。権限の画面が表示されたら [許可する] をタップします。

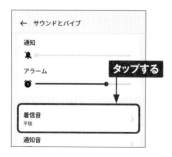

← サウンドとバイブ

通知

アラーム　**タップする**

着信音
平穏

通知音 〉

(3) 変更したい着信音をタップすると、着信音が変更されます。また、手順②の画面で [着信バイブ] をオンにすると、着信時にバイブの設定をすることができます。

← 着信音

カスタム

このデバイス 〉

システム着信音　**タップする**

平穏 ○

寺院 3D ●

ジャズドリーム 3D ○

ハウスミュージック 3D ○

MEMO 操作音を設定する

手順②の画面の下部の「触覚と音」では、「タッチ操作」や「画面ロック」などのシステム操作時の音、スクリーンショット時の音など、各種の音の設定をすることができます。

音量を設定する

● [設定] 画面から設定する

(1) 「設定」アプリを起動し、[サウンドとバイブ] をタップします。

(2) 音量の設定画面が表示されるので、各項目のスライダーをドラッグして、音量を設定します。

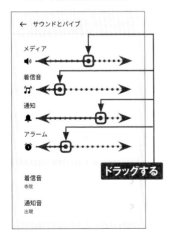

● 音量キーから設定する

(1) ホーム画面またはロック画面で、音量キーを押すと、メディアの音量設定画面が表示されるので、スライダーをドラッグして、音量を設定します。 ：をタップします。

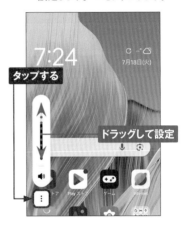

(2) 他の項目が表示され、ここから音量を設定することができます。

■ マナーモードを設定する

(1) ステータスバーを2本指で下方向にスライドして、コントロールセンターを表示します。

スライドする

(3) コントロールセンターを左方向にフリックします。

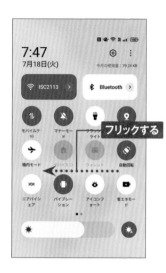

フリックする

(2) [マナーモード]、[バイブレーション]をそれぞれタップしてオン／オフ設定ができます。

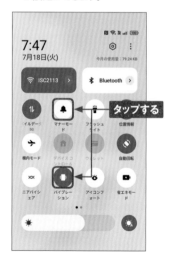

タップする

(4) [サイレントモード]をタップしてオン／オフ設定ができます。

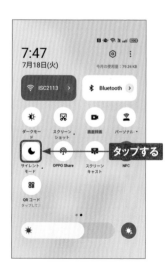

タップする

メールやインターネット
を利用する

Application

利用できるメールの種類

Reno9 A ／ 7 Aでは、メッセージ（SMS）が利用できるほか、GmailおよびYahoo!メールやパソコンのメールも使えます。ワイモバイル版や楽天モバイル版ではキャリアメールも使えます。

キャリアメール

各携帯電話会社が提供するメールです。ワイモバイル版では「@ymobile.ne.jp」のアドレスが使えます。

こんにちは〜 ☠ ☀

From: sample@ymobile.ne.jp
to: xxxx@xxx.xxx

メッセージ（SMS）

相手の携帯電話番号宛にメッセージ（SMS）を送信します。ワイモバイル版では＋メッセージも利用できます。

こんにちは！

From: 000-0000-0000
to: 000-0111-1111

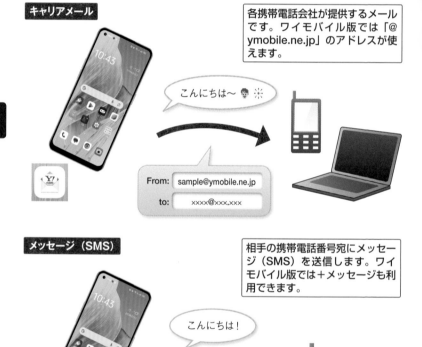

Gmail

Googleが提供するメールです。Googleアカウントを設定すればすぐに利用できます。

こんにちは〜

From: sample@gmail.com
to: xxxx@xxx.xxx

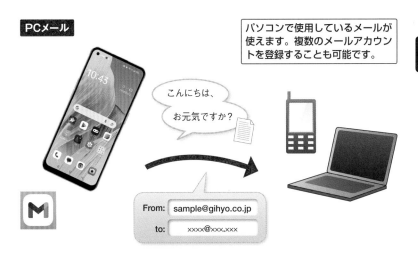

PCメール

パソコンで使用しているメールが使えます。複数のメールアカウントを登録することも可能です。

こんにちは、お元気ですか?

From: sample@gihyo.co.jp
to: xxxx@xxx.xxx

MEMO キャリアメールについて

キャリアメールとは携帯電話会社（通信事業者）が提供するメールのことです。ワイモバイル版では「@ymobile.ne.jp」、楽天モバイル版では「@rakumail.jp」（「Rakuten Link」アプリ内で利用）のアドレスが使えます。

Application

Gmailを利用する

Reno9 A ／ 7 AにGoogleアカウントを登録すると、すぐにGmail
を利用できます。なお、画面が掲載しているものと異なる場合は、
P.85を参考にアプリを更新してください。

受信したGmailを閲覧する

(1) ホーム画面で［Google］ →
［Gmail］とタップします。

(2) 画面の指示に従って操作すると、
「メイン」画面が表示されます（右
のMEMO参照）。読みたいメー
ルをタップします。

(3) メールの差出人やメール受信日
時、メール内容が表示されます。
←をタップすると、「メイン」画面
に戻ります。なお、↰をタップす
ると、表示中のメールに返信でき
ます。

MEMO Googleアカウントを同期する

Gmailを使用する前に、あらか
じめ自分のGoogleアカウントを
設定しましょう（Sec.12参照）。
Gmailを同期する設定にしてお
くと（標準で同期）、Gmailのメー
ルが自動的に同期されます。す
でにGmailを使用している場合
は、内容がそのまま「Gmail」
アプリで表示されます。

Gmailを送信する

（1） 「メイン」画面を表示して、[作成] をタップします。

（2） 「作成」画面が表示されます。 [To] をタップして宛先のアドレス を入力します。

（3） 件名とメッセージを入力し、▷ を タップすると、メールが送信されま す。

1 入力する   2 タップする

MEMO メニューを表示する

「メイン」画面を左端から右方向 にスライド、または ≡ をタップす ると、メニューが表示されます。 メニューでは、「メイン」以外の カテゴリやラベルを表示したり、 送信済みメールを表示したりで きます。なお、ラベルの作成や 振り分け設定は、パソコンの Webブラウザで「http://mail. google.com/」にアクセスして 操作します。

3

PCメールを設定する

「Gmail」アプリでは、パソコンで利用しているアカウントを登録して、メールを送受信できます。ここでは、PCメールのアカウントを登録する方法を紹介します。

PCメールを設定する

(1) P.63手順①の画面を表示して、≡ → ［設定］ → ［アカウントを追加する］をタップします。

(3) アカウントの種類を選択します。ここでは［個人用(POP3)］をタップします。

(2) ［その他］をタップして、メールアドレスを入力し、［手動設定］をタップします。

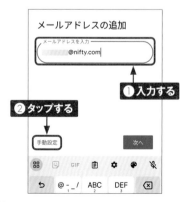

(4) ログイン画面が表示されるので、パスワードを入力し、［次へ］をタップします。

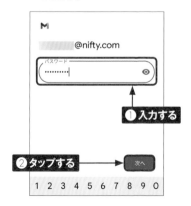

(5) 「受信サーバーの設定」と「送信サーバーの設定」画面が表示されます。「サーバー」の名称や「ポート」、「セキュリティの種類」などを設定し、[次へ]をタップします。

(6) チェックを外したい項目があればタップし、[次へ]をタップします。

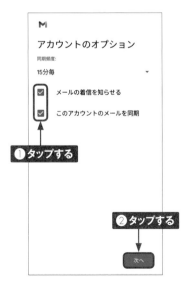

(7) アカウントの設定が完了します。名前を入力し、[次へ]をタップすると、PCメールのアカウントが追加されます。

MEMO ワイモバイル版は「Y!mobileメール」アプリが標準

ワイモバイル版にも「Gmail」アプリはありますが、標準のメールアプリとして「Y!mobileメール」アプリが入っています。「Y!mobileメール」アプリでも「Gmail」アプリと同様に、GmailやPCメールのアカウントを登録して送受信することができます。「Y!mobileメール」アプリを起動したら、**目**→[設定]→[+アカウントの追加]とタップして、メールアカウントを追加して利用します。

3

メッセージ (SMS) を利用する

Application

電話番号宛にメッセージを送受信できるSMSを「メッセージ」アプリで利用できます。電話番号宛に送れるので便利ですが、1回の送信ごとに通信料がかかることに注意しましょう。

メッセージを送信する

(1) ホーム画面やアプリ一覧から●をタップします。初回はいろいろな設定画面が表示されるので指示に従って進めます。

タップする

(2) 新規にメッセージを作成する場合は[チャットを開始]をタップします。ここでは番号を入力してSMSを送信するので、⊞をタップします。

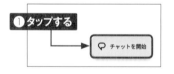

①タップする

→ ♀ チャットを開始

← 新しい会話　　②タップする

宛先　名前、電話番号、メールのいず…　⊞

&+ グループを作成

(3) 番号を入力します。連絡先に登録している相手の名前をタップすると、その相手にメッセージを送信できます。✓をタップします。

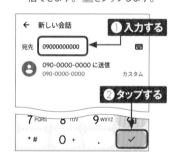

← 新しい会話　　①入力する

宛先　09000000000

🔵 090-0000-0000 に送信
　　090-0000-0000　　　カスタム

②タップする

7 PQRS　8 TUV　9 WXYZ

* #　　0 +　　.　　✓

(4) メッセージを入力して▷をタップすると、メッセージが送信されます。

14:30

090-0000-0000 さんとテキスト メッセージで会話中
(SMS / MMS)

ちょっと早く付きました。
いまどこにいますか？　😊　▷ SMS

の　を　が　に　は　で　、

①入力する　　②タップする

メッセージを受信・返信する

① メッセージが届くと、ステータスバーに受信のお知らせが表示されます。ステータスバーを下方向にスライドします。

② 通知パネルに表示されているメッセージの通知をタップします。

③ 受信したメッセージが左側に表示されます。メッセージを入力して、をタップすると、相手に返信できます。

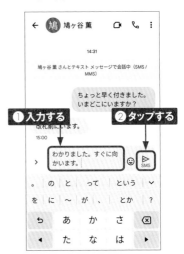

MEMO 使用キャリアによっては+メッセージも使える

SIMフリー版のReno9 A／7_Aで使用しているキャリアが+メッセージに対応している場合は+メッセージを使用できます。たとえばauのSIMを使用しているなら、P.84を参考にau版「+メッセージ」アプリをインストールして設定すれば、SMSと+メッセージを「+メッセージ」アプリで利用することができます。

+メッセージ（プラスメッセージ）
KDDI株式会社

3

メッセージ (SMS) を
利用する（ワイモバイル版）

Application

ワイモバイル版はSMSだけでなく＋メッセージにも対応しています。
標準のメールアプリ「Y!mobileメール」を使用して、SMSと＋メッセージのやり取りをすることができます。

メッセージを送信する

(1) 「Y!mobileメール」アプリを起動します。初回は許可や設定をする画面が続くので、指示に従って進めます。表示はここでは「会話形」を選択しました。

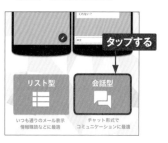

タップする

リスト型
いつも通りのメール表示
情報閲読などに最適

会話型
チャット形式で
コミュニケーションに最適

(2) ■をタップして「新規」をタップします。

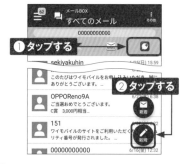

①タップする

②タップする

(3) ここでは電話番号を入力して送信するので、[新規メール作成]→[＋宛先入力]をタップして電話番号を入力して、[決定]をタップします。

← 宛先を選択　　　［＋宛先入力

①タップする

②入力する

③タップする

宛先入力

09000000000

□ 同時に電話帳に登録

キャンセル　　　　決定

(4) メッセージを入力して■をタップして、[送信]をタップすると、メッセージが送信されます。

From: 00000000000

明日の土曜日は銀座に出ませんか？

＋ ☺

①入力する　　　②タップする

メッセージを受信・返信する

1 メッセージが届くと、ステータスバーに受信のお知らせが表示され、「Y!mobileメール」アプリに通知が表示されます。ステータスバーを下方向にスライドします。

スライドする

2 通知パネルに表示されているメッセージの通知をタップします。

タップする

3 受信したメッセージが左側に表示されます。メッセージを入力して、■をタップすると、相手に返信できます。

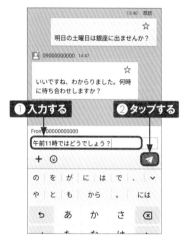

①入力する ②タップする

MEMO 「+メッセージ」アプリも使える

ワイモバイル版の「Y!mobileメール」アプリは、SMS、+メッセージだけでなく、PCメールやキャリアメールの利用ができます。また、ソフトバンク版「+メッセージ」アプリをP.84を参考にインストールして設定すれば、通常のAndroidスマートフォンのように「+メッセージ」アプリでSMSと+メッセージを使用することができます。

+メッセージ（プラスメッセージ）

SoftBank Corp.

3

メッセージ (SMS) を
利用する (楽天モバイル版)

楽天モバイル版では「Rakuten Link」アプリを使ってメッセージの送受信をします。また、Rakuten Link同士のメッセージのやりとりでは、＋メッセージのように画像や動画なども送ることができます。

Rakuten Linkでメッセージを送信する

1 「Rakuten Link」アプリを起動して [メッセージ] をタップします。

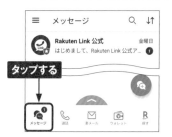

2 新規に送る場合は、●をタップして [新規メッセージ] をタップします。

3 ここでは「宛先」に相手の携帯電話番号を入力して [メッセージを送る] をタップします。続けて、メッセージを入力して●をタップします。

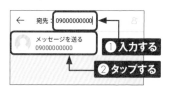

4 相手にメッセージが送信されました。相手が「Rakuten Link」でない場合は、「メッセージ」や「＋メッセージアプリ」に受信されます。

メッセージを受信・返信する

(1) 「Rakuten Link」だけでなく、「メッセージ」や「+メッセージ」からのSMSも受信します。メッセージが届くと、ステータスバーに受信のお知らせが表示されます。ステータスバーを下方向にスライドします。

スライドする

(2) 通知パネルに表示されているメッセージの通知をタップします。

タップする

(3) 「Rakuten Link」アプリが起動して受信したメッセージが左側に表示されます。メッセージを入力して●をタップすると、相手に送信できます。

❶入力する　**❷タップする**

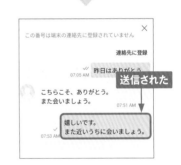

送信された

MEMO 画像や動画を送受信できる

「Rakuten Link」アプリ同士は、画像や動画も送受信できます。ただし、楽天モバイル版は+メッセージには対応していないので、この機能は+メッセージの相手との互換性はありません。あくまでも、「Rakuten Link」同士の機能です。

3

Webページを閲覧する

Reno9 A ／ 7 Aには、インターネットの閲覧アプリとしてGoogleの「Chrome」アプリが標準搭載されています。ここでは、「Chrome」の使い方を紹介します。

Chromeを起動する

① ホーム画面で◎をタップします。

② 「Chrome」アプリが起動します。画面上部には「アドレスバー」が配置されています。アドレスバーが見えないときは、画面を下方向にフリックすると表示されます。

③ [アドレスバー] をタップし、WebページのURLを入力して、→をタップすると、入力したWebページが表示されます。

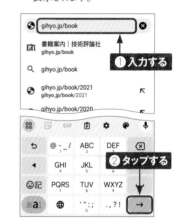

MEMO インターネットで検索をする

手順③でURLではなく、調べたい語句を入力して→をタップするか、アドレスバーの下部に表示される検索候補をタップすると、検索結果が表示されます。

Webページを移動する

(1) Webページの閲覧中に、リンク先のページに移動したい場合、ページ内のリンクをタップします。

(2) ページが移動します。◁をタップすると、タップした回数だけページが戻ります。

(3) 画面右上の︙（「Chrome」アプリの更新がある場合は⬤）をタップして、→をタップすると、前のページに進みます。

(4) ︙をタップして C をタップすると、表示ページが更新されます。

3

MEMO PCサイトの表示

スマートフォンの表示に対応したWebページを「Chrome」アプリで表示すると、モバイル版のWebページが表示されます。パソコンで閲覧する際のPC版サイトをあえて表示させたい場合は、︙をタップし、[PC版サイト]をタップします。もとに戻すには、再度、︙をタップし、[PC版サイト]をタップします。

Section **27**

Application

Webページを検索する

「Chrome」アプリの「アドレス入力欄」に文字列を入力すると、Google検索が利用できます。また、表示中のWebページ内だけを検索することもできます。

キーワードからWebページを検索する

(1) Webページを開いた状態で、[アドレスバー]（P.72参照）をタップします。

タップする

(2) 検索したいキーワードを入力して、→をタップします。

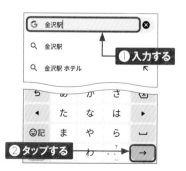

❶入力する
❷タップする

(3) Google検索が実行され、検索結果が表示されるので、開きたいページのリンクをタップします。

タップする

(4) リンク先のページが表示されます。

Webページ内のキーワードを選択して検索する

① Webページによっては、表示されている文字列を利用して検索ができます。Webページ内の文字列をロングタッチします。

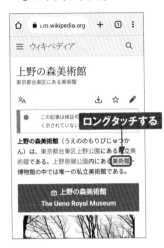

② 対応しているWebページであれば、タップした文字列がハイライトで表示されます。画面下部をタップします。

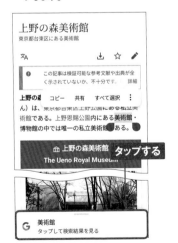

③ Google検索の結果が表示されます。上下にスワイプしてリンクをタップすると、リンク先のページが表示されます。

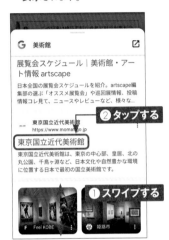
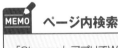

MEMO ページ内検索

「Chrome」アプリでWebページを表示し、：→［ページ内検索］の順にタップします。表示される検索バーにテキストを入力すると、ページ内の合致したテキストがハイライト表示されます。

ブックマークを利用する

Application

「Chrome」アプリでは、WebページのURLを「ブックマーク」に追加し、好きなときにすぐに表示することができます。よく閲覧するWebページはブックマークに追加しておくと便利です。

ブックマークを追加する

(1) ブックマークに追加したいWebページを表示して、⋮をタップします。

タップする

(2) ☆をタップします。

タップする

(3) ブックマークが追加されます。追加直後に下部に表示される［編集］をタップします。

タップする

(4) 名前や保存先のフォルダなどを編集し、←をタップします。

❷タップする　❶編集する

MEMO ホーム画面にショートカットを配置する

手順②の画面で［ホーム画面に追加］をタップすると、表示しているWebページをホーム画面にショートカットとして配置できます。

タップする

ブックマークからWebページを表示する

① 「Chrome」アプリを起動し、「アドレスバー」を表示して（P.72参照）、⋮をタップします。

② ［ブックマーク］をタップします。

③ 「ブックマーク」画面が表示されるので、［モバイルのブックマーク］をタップして、閲覧したいブックマークをタップします。

④ ブックマークに追加したWebページが表示されます。

MEMO　ブックマークを削除する

手順③の画面で削除したいブックマークの⋮をタップし、［削除］をタップすると、ブックマークを削除できます。

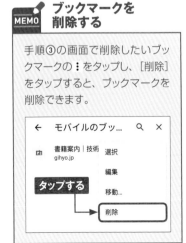

複数のWebページを
同時に開く

Application

「Chrome」アプリでは、複数のWebページをタブを切り替えて同時に開くことができます。また、複数のタブをまとめて管理できるグループ機能もあります。

新しいタブを開く

(1) ⋮をタップし、[新しいタブ] をタップします。

(2) 新しいタブが開きます。

(3) タブ切り替えアイコンをタップします。

(4) タブの一覧が表示されるので、表示したいタブをタップします。✕をタップすると、タブを閉じることができます。

新しいタブをグループで開く

(1) ページ内にあるリンクを新しいタブで開きたい場合は、そのリンクをロングタッチします。

(2) ［新しいタブをグループで開く］をタップします。

(3) リンク先のページが新しいグループで開きます。画面下部のアイコンをタップすると、グループを切り替えることができます。❌をタップすると、開いているグループを閉じることができます。

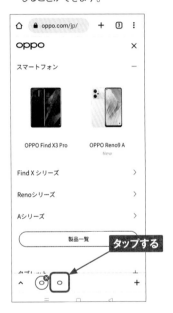

MEMO グループとは

「Chrome」アプリでは、複数のタブを1つにグループ化して管理できます。ニュースサイトごと、SNSごとというように、タブをまとめるなど、便利に使える機能です。また、Webサイトによっては、リンクをタップするとリンク先のページが自動的にグループで開くこともあります。

開いているタブをグループにまとめる

① 複数のタブを開いている状態で、タブ切り替えアイコンをタップします。

③ グループをタップします。

② 開いているタブとグループが表示されます。タブをロングタッチして、ほかのタブやグループの上にドラッグすると、グループにまとめることができます。

④ グループが大きく表示されます。タブをタップすると、ページが表示されます。

Chapter

4

Googleのサービスを
利用する

Google Playで
アプリを検索する

Application

Reno9 A ／ 7 Aは、Google Playに公開されているアプリをインストールすることで、さまざまな機能を利用できます。まずは、目的のアプリを探す方法を解説します。

アプリを検索する

(1) Google Playを利用するには、ホーム画面で [Playストア] をタップします。

タップする

(2) 「Playストア」 アプリが起動して、Google Playのトップページが表示されます。[アプリ] →画面上部の [カテゴリ] をタップします。

② タップする
① タップする

(3) 「アプリ」の「カテゴリ」画面が表示されます。上下にスワイプして、ジャンルを探します。

スワイプする

(4) 見たいジャンル（ここでは [カスタマイズ]）をタップします。

タップする

⑤ 画面を上方向にスライドし、「人気のカスタマイズアプリ（無料）」の右の→をタップします。

⑥ 詳細を確認したいアプリをタップします。

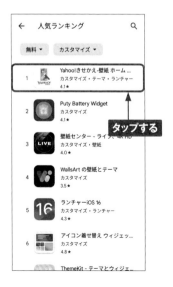

⑦ アプリの詳細な情報が表示されます。人気のアプリでは、ユーザーレビューも読めます。

MEMO キーワードで検索する

Google Playでは、キーワードからアプリを検索できます。検索機能を利用するには、画面上部にある検索ボックスをタップし、検索欄にキーワードを入力して、🔍をタップします。

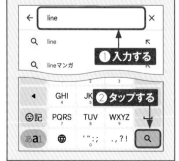

4

アプリをインストールする／アンインストールする

Application

Google Playで目的の無料アプリを見つけたら、インストールしてみましょう。なお、不要になったアプリは、Google Playからアンインストール（削除）できます。

アプリをインストールする

① Google Playでアプリの詳細画面を表示（Sec.30参照）、[インストール] をタップします。

タップする

② アプリのダウンロードとインストールが開始されます。

アプリがインストールされる

③ アプリを起動するには、インストール完了後、[開く]（または［プレイ］）をタップするか、「アプリ一覧」画面に追加されたアイコンをタップします。

タップする

MEMO 「アカウント設定の完了」が表示されたら

手順①で [インストール] をタップしたあとに、「アカウント設定の完了」画面が表示される場合があります。その場合は、[次へ] → [スキップ] をタップすると、アプリのインストールを続けることができます。

🎞 アプリを更新する／アンインストールする

● アプリを更新する

① P.82手順②の画面で、右上のユーザーアイコンをタップし、表示されるメニューの［アプリとデバイスの管理］をタップします。

② 更新可能なアプリがある場合、「アップデート利用可能」と表示されます。［すべて更新］をタップすると、一括で更新されます。

● アプリをアンインストールする

① 左側手順②の画面で［管理］をタップして、「インストール済み」を表示し、アンインストールしたいアプリ名をタップします。

② アプリの詳細が表示されます。［アンインストール］をタップし、［アンインストール］をタップするとアンインストールされます。

4

MEMO アプリの自動更新を停止する

初期設定では、Wi-Fi接続時にアプリが自動更新されるようになっています。自動更新しないように設定するには、上記左側の手順①の画面で［設定］→［ネットワーク設定］→［アプリの自動更新］の順にタップし、［アプリを自動更新しない］→［OK］の順にタップします。

有料アプリを購入する

Application

Google Playで有料アプリを購入する場合、キャリアの決済サービスやクレジットカードなどの支払い方法を選べます。ここではクレジットカードを登録する方法を解説します。

クレジットカードで有料アプリを購入する

(1) 有料アプリの詳細画面を表示し、アプリの価格が表示されたボタンをタップします。

(2) 支払い方法の選択画面が表示されます。ここでは [カードを追加] をタップします。

(3) カード番号や有効期限などを入力します。

MEMO Google Play ギフトカード

コンビニなどで販売されている「Google Playギフトカード」を利用すると、プリペイド方式でアプリを購入できます。クレジットカードを登録したくないときに使うと便利です。利用するには、手順②で [コードの利用] をタップするか、事前にP.85左側の手順①の画面で [お支払いと定期購入] → [お支払い方法] → [コードの利用] の順にタップし、カードに記載されているコードを入力して [コードを利用] をタップします。

④ 名前などを入力し、[保存] をタップします。

① 入力する
② タップする

⑤ [1クリックで購入]をタップします。

タップする

⑥ 認証についての画面が表示されたら、[常に要求する] もしくは [要求しない] をタップします。[OK] → [OK] の順にタップすると、アプリのダウンロード、インストールが始まります。

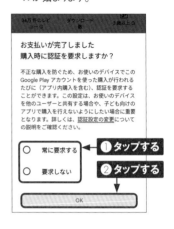

① タップする
② タップする

購入したアプリを払い戻す

MEMO

有料アプリは、購入してから2時間以内であれば、Google Play から返品して全額払い戻しを受けることができます。P.85右側の手順を参考に購入したアプリの詳細画面を表示し、[払い戻し]をタップして、次の画面で [はい] をタップします。なお、払い戻しできるのは、1つのアプリにつき1回だけです。

タップする

4

87

音声アシスタントを利用する

Application

Reno9 A ／ 7 Aでは、Googleの音声アシスタントサービス「Google アシスタント」を利用できます。ホームボタンをロングタッチするだけで起動でき、音声でさまざまな操作をすることができます。

Googleアシスタントの利用を開始する

1 ◉をロングタッチします。

2 Googleアシスタントの開始画面が表示されます。[使ってみる]をタップします。

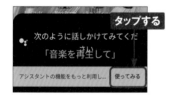

3 [有効にする]をタップし、画面の指示に従って進めます。

Google アシスタント

アシスタント機能は、同一のGoogle アカウ

報が保存されます

◉ デバイスの連絡先情報

どのデバイスを使っていてもGoogle

スキップ **有効にする** ← タップする

4 Googleアシスタントが利用できるようになります（P.89参照）。

次のように話しかけてみてくだ
「ニュースを聞く」

アシスタントの機能をもっと利用し... 使ってみる

MEMO 音声で起動する

「OK Google」（オーケーグーグル）と発声して、Googleアシスタントを起動することができます。ホーム画面で[Google] → [Google]とタップし、右上のユーザーアイコン→[設定]の順にタップします。[音声]をタップし、[Voice Match]をタップし、[Hey Google]をタップして、画面の指示に従って有効にします。

Googleアシスタントへの問いかけ例

Googleアシスタントを利用すると、語句の検索だけでなく予定やリマインダーの設定、電話やメールの発信など、さまざまなことが、Reno9 A ／ 7 Aに話しかけるだけでできます。まずは、「何ができる?」と聞いてみましょう。

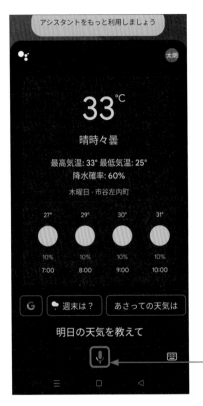

● 調べ物

「東京タワーの高さは?」
「ビヨンセの身長は?」

● スポーツ

「ガンバ大阪の試合はいつ?」
「セリーグの順位は?」

● 経路案内

「最寄りのスーパーまでナビして」

● 楽しいこと

「牛の鳴き声を教えて」
「コインを投げて」

タップして話しかける

 MEMO **Googleアシスタントから利用できないアプリ**

たとえば、Googleアシスタントで「○○さんにメールして」と話しかけると、「Gmail」アプリ(Sec.21参照)が起動し、ワイモバイル版の「Y!mobileメール」アプリなどは起動しません。このように、GoogleアシスタントではGoogleのアプリが優先され、一部のアプリはGoogleアシスタントからは直接利用できません。

関心の高いニュースを チェックする

Application

G

インターネットやアプリ内での検索行動に基づいて、関連性の高い コンテンツを表示する「Google Discover」を利用することができ ます。

Google Discoverを表示する

① ホーム画面を何度か右方向にスワイプします。

スワイプする

② 「Google Discover」が表示され、コンテンツが表示されます。上方向にスワイプして他の記事の表示、最上部で下方向にスワイプすると更新ができます。内容を見たいコンテンツをタップします。

Amazon「Fire TV Stick」でできる つの機能 - 動画を観る以外 いろできる！

タップする

オトナライフ・1日

49
+16

③ 内容が表示されます。

× 小学校の「筆算…
news.yahoo.co.jp

Y!ニュース

1日1回無料！くじに挑戦   ログイン

同意のない性的な行為は性暴力
ひとりで悩まないで

性暴力被害の相談は #8891

小学校の「筆算問題は必ず定規で線を引く」は謎ルールだ…と揶揄する人に現場の教員が伝えたいこと

7/17(月) 11:17配信

597

PRESIDENT Online

49
+16

 MEMO

ホーム画面でGoogle Discover を表示しないようにする

ホーム画面を右方向にスワイプしても、「Google Discover」を表示しないようにするには、P.91手順③の画面で、[全般]をタップして、[Discover]をオフにします。

Google Discoverの設定を変更する

1 「Google Discover」を表示し、右上のユーザーアイコンをタップします。

2 [設定] をタップします。

3 [カスタマイズ] をタップします。

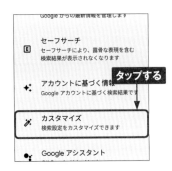

4 [興味/関心の管理] をタップします。[興味、関心] または [興味なし] をタップすると、トピックの表示／非表示を設定することができます。

MEMO 表示するコンテンツの設定を変更する

手順③の画面で [アカウントに基づく情報] をタップすると、アカウントに基づく情報の表示／非表示を切り替えることができます（標準は表示）。また、「言語と地域」は通常現在地（日本）に設定されていますが、他の国に変更することもできます。これらの設定で、表示されるコンテンツが変わってきます。

4

Googleカレンダーを利用する

Application

31

Googleアカウントを設定すると（Sec.12参照）、「カレンダー」アプリとWeb上のGoogleカレンダー（https://calendar.google.com）が同期され、同じ内容を閲覧・編集できます。

「カレンダー」アプリを利用する

1 ホーム画面で［Google］をタップし、フォルダ内の［カレンダー］をタップします。

2 初回利用時は説明が表示されるので、左方向にフリックし、［終了］をタップします。

3 月のカレンダーが表示されます。別の月を表示するには画面を上下にスワイプします。日や週のカレンダーを表示するには、画面左上の≡をタップします。

4 メニューが表示され、表示形式を「日」や「週」、「スケジュール」などに変更することができます。

「カレンダー」 アプリに予定を入力する

1 カレンダーを表示し、画面右下の ＋をタップします。

8月13日〜19日
8月20日〜26日
8月27日〜9月2日

2023年9月

タップする

＋

2 カレンダーには「予定」と「タスク」 を入力できます。ここでは [予定] をタップします。

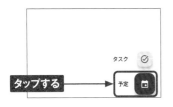

タスク ⊘

タップする → 予定 📅

3 予定のタイトルと詳細を入力した ら、[保存]をタップします。入 力中にアクセス許可が表示された ら、[許可]をタップします。

× 保存

夏休み

● 予定
gihyo.a9@gmail.com

🕐 終日 ⬤

2023年8月12日(土)

2023年8月16日(水)

C 繰り返さない

カレンダーを追加

❶ 入力する ❷ タップする

スケジュールを表示

🎥 ビデオ会議を追加

4 保存した予定がカレンダー上に反 映されます。詳細を表示したい場 合は予定をタップします。

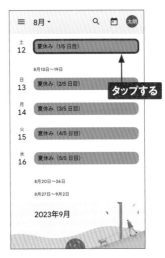

≡ 8月 ▾ 🔍 📅 太朋

土 12 夏休み (1/5 日目)

8月13日〜19日

日 13 夏休み (2/5 日目)

タップする

月 14 夏休み (3/5 日目)

火 15 夏休み (4/5 日目)

水 16 夏休み (5/5 日目)

8月20日〜26日
8月27日〜9月2日

2023年9月

5 予定の詳細が表示されます。✏ をタップすると予定の修正が、⋮ をタップして [削除] をタップする と予定の削除が可能です。

× ✏ ⋮

■ 夏休み
8月12日土曜日 – 8月16日水曜日

📅 予定
gihyo.a9@gmail.com

タップすると編集できる

4

93

YouTubeで世界中の動画を楽しむ

Application

世界最大の動画共有サイトであるYouTubeの動画を、Reno9 A／7 Aでも視聴することができます。高画質の動画を再生可能で、一時停止や再生位置の変更もできます。

YouTubeの動画を検索して視聴する

1 ホーム画面、または [Google] をタップして [YouTube] をタップします。

2 許可の確認画面が表示されたら [許可] をタップします。YouTubeのトップページが表示されます。

3 画面右上の🔍をタップします。

4 入力欄に検索したいキーワードを入力して、🔍をタップします。

5 検索結果一覧の中から、視聴したい動画をタップします。

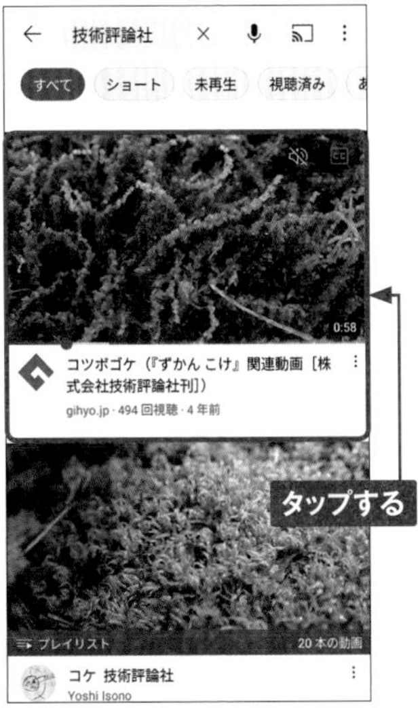

6 タップした動画が再生されます。

7 再生画面をタップすると、再生コントロールが表示されます。をタップすると、フルスクリーン表示になり、をタップすると、再生が一時停止されます。をタップします。

8 検索結果に戻ります。直前まで表示していた動画が下に表示されます。終了する場合は、動画を下方向にスワイプします。

4

紛失したReno9 A ／ 7 A を探す

Application

Reno9 A ／ 7 Aを紛失してしまっても、パソコンからReno9 A ／ 7 Aがある場所を確認できます。なお、この機能を利用するには事前に位置情報を有効にしておく必要があります（P.98参照）。

「デバイスを探す」を設定する

(1) ホーム画面または「アプリ一覧」画面で［設定］をタップします。

(2) ［パスワードとセキュリティ］ → ［システムセキュリティ］とタップします。

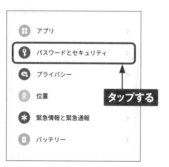

(3) ［デバイスを探す］をタップします。

(4) ⬤の場合は⬤をタップして⬤にします。

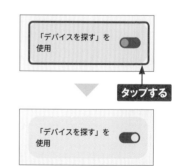

パソコンでReno9 A / 7 Aを探す

(1) パソコンのWebブラウザでGoogleの「デバイスを探す」（https://www.google.com/android/find）にアクセスします。

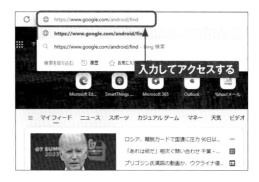

(2) ログイン画面が表示されたら、Sec.12で設定したGoogleアカウントを入力し、[次へ] をクリックします。パスワードの入力を求められたらパスワードを入力し、[次へ] をクリックします。

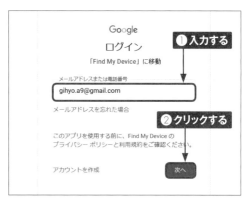

(3) 「Googleデバイスを探す」画面で [同意する] をクリックすると、地図が表示され、おおまかな位置を確認できます。画面左上の項目をクリックすると、音を鳴らしたり、ロックをかけたり、端末内のデータを初期化したりできます。

Googleマップを利用する

Application

「マップ」アプリを利用すると、現在地や行きたい場所までの道順を地図上に表示できます。なお、「マップ」アプリは頻繁に更新が行われるため、本書と表示内容が異なる場合があります。

マップを利用する準備を行う

① ホーム画面または「アプリ一覧」画面で [設定] をタップします。

タップする

② [位置] をタップします。

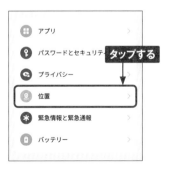

タップする

③ [位置情報] がオフの場合は、タップしてオンにします。

タップする

MEMO 位置情報の精度を高める

手順③でオンの状態で、[Wi-FiとBluetoothのスキャン] をタップします。画面のように「Wi-Fiスキャン」と「Bluetoothスキャン」が有効になっていると、Wi-FiやBluetoothからも位置情報を取得でき、位置情報の精度が向上します。

マップで現在地の情報を取得する

1 ホーム画面で [Google] → [マップ] とタップします。

タップする

2 現在地が表示されていない場合は、◇をタップします。許可画面が表示されたら、[正確] または [おおよそ] のいずれかをタップし、[アプリの使用時のみ] または [今回のみ] をタップします。

タップする

この地域の最新情報

3 地図の拡大・縮小はピンチで行います。スライドすると表示位置を移動できます。地図上のアイコンをタップします。

ピンチする

タップする

スライドする

市谷田町 の最新情報

4 画面下部に情報が表示されます。タップすると、より詳しい情報を見ることができます。

タップする

ファミリーマート 市谷田町店
3.8 ★★★★☆ (19)
コンビニエンスストア・☆・ 🚶4分
24時間営業

4

◾ 経路検索を使う

(1) マップの利用中に◆をタップします。

(2) 移動手段（ここでは𓃑）をタップします。入力欄の下段をタップします。なお、出発地を現在地から変更したい場合は、入力欄の上段をタップして入力します。

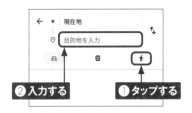

(3) 目的地を入力します。表示された候補、または◉をタップします。

(4) 目的地までの経路が地図上に表示されます。下部の時間が表示された部分をタップします。

(5) 経路の一覧が表示されます。［ナビ開始］をタップするとナビが起動します。◁をタップすると、地図画面に戻ります。

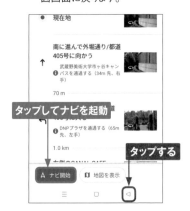

便利な機能を
使ってみる

おサイフケータイを設定する

Application

Reno9 A ／ 7 Aはおサイフケータイ機能を搭載しています。電子マネーの楽天Edy、WAON、QUICPayや、モバイルSuica、各種ポイントサービス、クーポンサービスに対応しています。

おサイフケータイの初期設定を行う

(1) ホーム画面または「アプリ一覧」画面を開いて、[おサイフケータイ]をタップします。

タップする

(2) 初回起動時はアプリの案内が表示されるので、[次へ]をタップします。続けて、利用規約が表示されるので、「同意する」にチェックを付け、[次へ]をタップします。「初期設定完了」と表示されるので[次へ]をタップします。

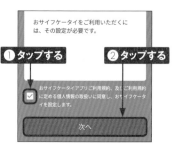

おサイフケータイをご利用いただくには、その設定が必要です。

❶ タップする   ❷ タップする

☑ おサイフケータイアプリご利用規約、及びご利用規約に定める個人情報の取扱いに同意し、おサイフケータイを設定します。

次へ

(3) Googleアカウントの連携についての画面で[次へ] → [ログインはあとで]をタップします。

おサイフケータイ アプリ

Googleでログインしてください。
その後、処理を継続します。

G Googleでログイン

ログインはあとで

ログインが必要なサービス ＞

タップする

(4) キャンペーンの配信についての画面で[次へ]をタップし、続けて[許可]をタップします。

タップする

お知らせを受け取る

次へ

5 [おすすめ] をタップすると、サービスの一覧が表示されます。ここでは、[楽天Edy] をタップします。

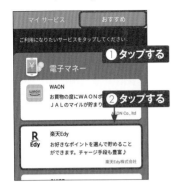

6 詳細が表示されるので、[サイトへ接続] をタップします。

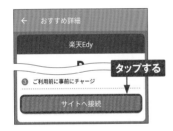

7 「アプリを開く」画面で [Google Playストア] をタップします。「楽天Edy」アプリの画面が表示されます。[インストール] をタップします。

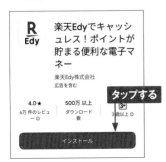

8 インストールが完了したら、[開く] をタップします。

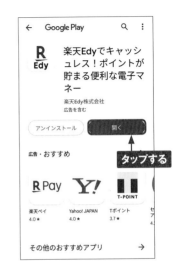

9 「楽天Edy」アプリの初期設定画面が表示されます。画面の指示に従って初期設定を行います。

アラームをセットする

Application

Reno9 A ／ 7 Aの「時計」アプリでは、アラーム機能を利用できます。また、ほかにも世界時計やストップウォッチ、タイマーとしての機能も備えています。

5

アラームで設定した時間に通知させる

1 ホーム画面で［ツール］→［時計］とタップします。または、「アプリ一覧」画面で［時計］をタップします。

タップする

2 アラームを設定する場合は、［アラーム］をタップして、●をタップします。

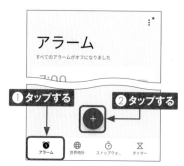

アラーム
すべてのアラームがオフになりました

7:00

①タップする　②タップする

アラーム　世界時計　ストップウォ…　タイマー

3 時刻をスワイプして設定します。［カスタム］をタップします。

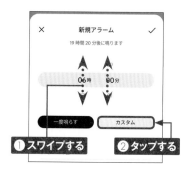

× 　　新規アラーム　　✓
19 時間 20 分後に鳴ります

06時　00分

一度鳴らす　　カスタム

①スワイプする　②タップする

4 「繰り返し」の項目でアラームが鳴る曜日を設定します。

一度鳴らす　　カスタム

繰り返し　　　タップする
毎日

日　月　火　水　木　金　土

アラーム名

着信音
休日

バイブレーション

5 ここでは毎週月曜日から金曜日に
アラームが鳴るように設定しまし
た。✓をタップします。

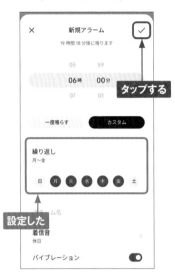

7 削除したいアラームにチェックが
付いていることを確認して、[削
除]をタップします。

6 アラームが有効になります。ア
ラームの右のスイッチをタップして
オン／オフを切り替えられます。
アラームを削除するときは、ロン
グタッチします。

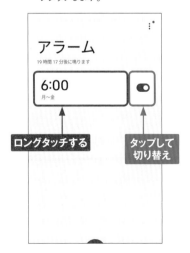

パソコンから音楽・写真・動画を取り込む

Application

Reno9 A ／ 7 AはUSB Type-Cケーブルでパソコンと接続して、本体や外部メモリーにパソコン内の各種データを転送することができます。お気に入りの音楽や写真、動画を取り込みましょう。

パソコンと接続してデータを転送する

1 パソコンとここではReno9 AをUSB Type-Cケーブルで接続します。自動で接続設定が行われます。Reno9 Aに許可画面が表示されたら、[許可] をタップします。パソコンでエクスプローラーを開き、[OPPO Reno9 A] をクリックします。

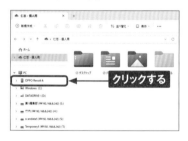

2 本体メモリーを示す [内部共有ストレージ] をダブルクリックします。microSDカードを使用している場合、「SDカード」が表示されます。

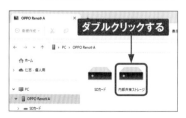

3 本体内のファイルやフォルダが表示されます。ここでは、フォルダを作ってデータを転送します。Windows 11では、右クリックして、[その他のオプションを表示] → [新規フォルダー] の順にクリックします。

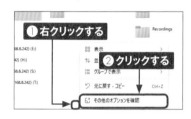

4 フォルダが作成されるので、フォルダ名を入力します。

(5) フォルダ名を入力したら、フォルダをダブルクリックして開きます。

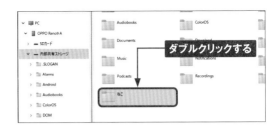

(6) 転送したいデータが入っているパソコンのフォルダを開き、ドラッグ&ドロップで転送したいファイルやフォルダをコピーします。

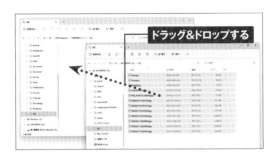

(7) 作成したフォルダにファイルが転送されました。

(8) ファイルをコピー後、Reno9 Aのアプリ（右画面は「フォト」アプリ）を起動すると、コピーしたファイルが読み込まれて表示されます。ここでは写真ファイルをコピーしましたが、音楽や動画のファイルも同じ方法で転送できます。

本体内の音楽を聴く

音楽の再生や音楽情報の閲覧、ストリーミング音楽再生などができる「YT Music」（YouTube Music）アプリを利用できます。ここでは、本体に取り込んだ曲を再生する方法を紹介します。

本体内の音楽ファイルを再生する

1 ホーム画面で［YT Music］をタップします。ホーム画面にない場合は「Google」フォルダをタップして開くとあります。

2 Googleアカウントを設定していれば、自動的にログインされます。［無料トライアルを開始］または✕をタップし、画面の指示に従って操作します。

3 「YT Music」アプリのホーム画面が表示されたら、［ライブラリ］をタップします。

4 「ライブラリ」画面が表示されます。ここでは、［ライブラリ］をタップします。

(5) [デバイスのファイル] をタップします。

(6) この画面が表示されるので、[許可] → [許可] の順にタップします。これで、「YT Music」アプリから、本体内の音楽を参照・再生することができるようになります。

(7) 本体内の曲や曲が入ったフォルダが、表示されます。再生したい曲をタップします。

(8) 音楽が再生されます。

5

MEMO ロック画面で操作する

音楽再生中は、ロック画面にアルバムアートとコントロールバーが表示され、「YT Music」アプリを操作することができます。

FMラジオを聴く

Application

Reno9 A ／ 7 Aは標準でFMラジオを聴くことができます。なお、Reno9 A ／ 7 Aにはラジオのアンテナがありませんので、アンテナ代わりの有線イヤホン（別売り）が必要です。

5

FMラジオを聴く

1 ホーム画面で［ツール］→ ［FMラジオ］とタップします。

タップする

2 イヤホンを接続していないとONになりません。［イヤホン端子］(P.8参照) にイヤホンを接続します。

FMを使用する前にイヤフォンを挿してください

3 初回はイヤホンを接続すると、ONになり、自動的にFMラジオをスキャンし始めます。改めてスキャンする場合は C をタップします。なお、 のタップで「FMラジオ」アプリのオン／オフが切り替わります。スキャンが終わるとリストの最初の放送局が再生されます。

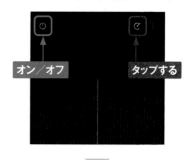

オン／オフ

タップする

チャンネルが見つかった

82.5

チャンネルが5個見つかりました

④ ■をタップして [放送局リスト] を
タップすると、スキャンした放送局
の周波数が一覧表示されます。
聴きたい放送局の周波数をタップ
します。

⑤ 周波数の下の☆をタップするとお
気に入りとして下に表示されます。
お気に入りリストの聴きたい放送
局の周波数をタップすると、その
放送局が再生されます。

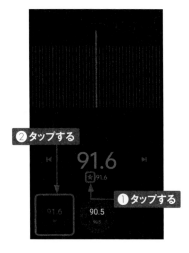

⑥ 通常は接続した有線イヤホンでラ
ジオを聴きますが、左上の■→[ス
ピーカーを使用する] とタップする
と、スピーカーから聴くことができ
ます。イヤホンに戻す場合は■→
[イヤホンを使用する] とタップし
ます。

5

MEMO radikoで ラジオ番組を聴く

[radiko] アプリをインストールす
れば、AMラジオもネット経由で
聴くことができます。Sec.31を
参考に、[radiko] アプリをインス
トールして、起動して使います。

Application

写真や動画を撮影する

Reno9 A ／ 7 Aには、シンプルで使いやすい「カメラ」アプリが搭載されています。さまざまなシーンで最適の写真や動画が撮れるほか、モードや、設定を変更することで、自分好みの撮影ができます。

写真を撮影する

(1) ホーム画面で■をタップします。写真を撮るときは、カメラが起動したらピントを合わせたい場所をタップして、■をタップすると、写真が撮影できます。

① タップする
② タップする

(2) 撮影した後、直前に撮影したデータアイコンをタップすると、撮った写真を確認することができます。■をタップすると、インカメラとアウトカメラを切り替えることができます。

カメラを切り替え
写真を表示

MEMO インジケーター

ColorOS 12（Android 12）からの機能として、プライバシー保護のために、カメラやマイクを使用中はステータスバー上にインジケーターが表示されます。起動時には数秒大きく表示された後に緑の点として表示されます。

動画を撮影する

(1) 動画を撮影したいときは、画面を上方向(横向き時。縦向き時は右)にスワイプするか、[動画]をタップします。

(2) 動画撮影モードになります。動画撮影を開始する場合は、◉をタップします。

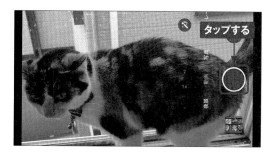

(3) 動画の撮影が始まり、撮影時間が画面下部に表示されます。撮影を終了するときは、◉をタップします。

(4) 撮影が終了します。写真撮影モードに戻す場合は、画面を下方向(横向き時。縦向き時は左)にスワイプするか、[写真]をタップします。

撮影画面の見かた

●静止画撮影画面

●動画撮影画面

❶	フラッシュライトボタン	❾	デジタルズーム
❷	タイマー	❿	ビューティー／フィルター
❸	AIシーン強化	⓫	撮影モード切り替え
❹	アスペクト比切り替え	⓬	撮った写真の確認
❺	その他の設定を表示	⓭	シャッターボタン
❻	ピントを合わせたいところ	⓮	イン／アウトカメラ切り替えボタン
❼	明るさ調整	⓯	ビデオサイズ切り替え
❽	Googleレンズ	⓰	撮影開始／終了ボタン

📷 倍率や明るさを調整して撮影する

(1) 「カメラ」アプリを起動して、■左（縦の場合は上）にスライドします。倍率のバーが表示されます。

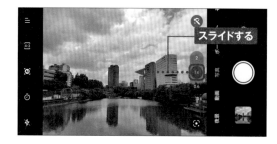

(2) バーをスライドして最大6倍まで拡大できます。なお、画面をピンチアウトしても拡大できます。

(3) 画面をタップすると明るさ調整のアイコンが表示されます。このアイコンを上下にドラッグすると、バーが表示されます。

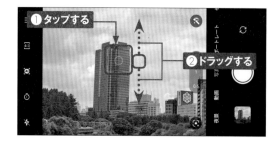

(4) バーをスライドして明るさを調整します。

その他のカメラモードを利用する

(1) 「カメラ」アプリを起動し、[その他] をタップします。

(2) 利用できるモードが表示されるので、タップして選択します。

利用できるカメラモード

PRO	ISO感度などを個別に設定できます。
超高解像度	ソフトウェア処理で約1億800万画素の解像度撮影ができます。
パノラマ	水平方向のパノラマ写真が撮れます。
マクロ	被写体に接近して撮影することができます。
スローモーション	スローモーション動画を撮影できます。
タイムプラス	コマ送りのような動画を撮影できます。
アウト／イン同時動画撮影	アウトカメラとインカメラを同時に撮影できます。
ステッカー	ステッカー付きの撮影ができます。
テキストスキャナー	書類の歪みを補正した撮影ができます。

カメラの設定を変更する

●設定画面を表示する

(1) カメラの起動中に、☰をタップします。

タップする

(2) 表示されたメニューで［設定］をタップします。

タップする

(3) 「設定」画面が表示されます。項目をタップして、機能を有効にしたり設定を変更したりできます。

●撮影サイズを変更する

(1) アスペクト比切り替えアイコンをタップします。

タップする

(2) 「アスペクト比」の［16:9］をタップします。

タップする

(3) 撮影サイズが「16:9」のアスペクト比になりました。

さまざまな機能を使って撮影する

Application

Reno9 A ／ 7 Aでは、さまざまな撮影機能を利用することができます。上手に写真を撮るための機能や、変わった写真を撮る機能があるので、いろいろ試してみましょう。

「AIシーン強化」で撮影する

① をタップします。

② 「AIシーン強化」がオンになりました。撮影シーンにあった色補正を自動で行います。シャッターボタンをタップします。再度 をタップします。

③ 「AIシーン強化」がオフになりました。

アウト/イン同時動画撮影をする

①
P.116を参考にカメラモードを表示します。[アウト/イン同時動画撮影] をタップします。

②
アウトカメラとインカメラが同時に起動して撮影できます。◯をタップすると撮影が始まります。

③
手順②で🔲をタップして、表示された形状のアイコンをタップすると画面構成を変えることができます。

被写体に接近して撮影する

1 P.116を参考にカメラモードを表示します。[マクロ] をタップします。

2 「被写体から4cm程度離れて撮影をしてください」と表示されます。

3 ◻︎をタップすると撮影できます。◉をタップします。

4 マクロモードでも各種のフィルターをかけて撮影することができます。

「夜景」 モードで撮影する

(1) 暗い場所でも明るく撮
影したい場合は、[夜景]
をタップします。

(2) 「夜景」 モードになった
なら、シャッターボタンを
タップします。

(3) シャッターボタンの周り
の黄色い枠が消えるま
で、本体を動かさないよ
うにして撮影します。

(4) 「写真を処理中」 という
表示が出て、消えると
撮影画像が保存されま
す。

Googleレンズを活用する

Application

「カメラ」アプリから「Google レンズ」の機能を使うことができます。カメラに写された画像から、身の回りにあるものを調べることができます。

Googleレンズの準備をする

1 P.114の「撮影画面の見かた」を参考に「Googleレンズ」ボタンをタップします。初回は [カメラを起動] をタップします。

タップする

Google レンズは、アプリが開いている場合にのみ、カメラに映っているものを基に検索を行います。プライバシー ポリシーと利用規約が適用されます。

📷 カメラを起動

2 許可確認の画面が表示されたら [アプリの使用時のみ許可] をタップします。

📹
写真と動画の撮影を「Google」に許可しますか?

アプリの使用時のみ

今回のみ

許可しない ← タップする

3 「Googleレンズ」の画面です。📷をタップすると、本体に保存されている画像から調べることができます。

タップする

シャッター ボタンをタップして検索

🖼 Q

翻訳　文字認識　検索　宿題　ショッピング

MEMO 「レンズ」アプリを起動する

「Googleレンズ」は「カメラ」アプリだけでなく、「レンズ」アプリを起動しても使えます。「レンズ」アプリのアイコンをタップして起動すると、手順③と同じ画面になります。

■ Googleレンズで撮影したものをすばやく調べる

① P.122手順①を参考に「Google レンズ」ボタンをタップします。

タップする

② 調べたいものにカメラをかざし、シャッターボタンをタップします。

タップする

シャッターボタンをタップして検索

翻訳　文字認識　検索　宿題　ショッピング

MEMO Googleレンズで調べられるもの

Googleレンズ画面の下にあるモードを変えて調べられるものには「翻訳」「文字認識」「検索」「宿題」「ショッピング」「場所」があります。基本的にはWeb検索による調べものです。

---

③ 調べたいものにマッチした検索結果が表示されます。 ― を上にスワイプします。

スワイプする

翻訳　文字認識　検索　宿題　ショッピング

④ さらに詳しい情報をWeb検索で調べることができます。

Google

🔍 検索に追加

三毛猫
みけねこ
ネコ

概要　代表種　動画

三毛猫とは、3色の毛が生えている猫の総称。単に三毛とも言う。英語ではキャリコと呼ばれる。ウィキペディア

寿命: ペルシャ: 12 – 17年、ターキッシュアンゴラ: 12 – 18年

フィードバック

Application

写真や動画を閲覧する

Reno9 A ／ 7 Aには、写真や動画の閲覧用アプリとして、Google の「フォト」がインストールされています。撮影した写真や動画は、その場ですぐに再生して楽しむことができます。

「フォト」アプリを起動する

1 ホーム画面で [Goolge] → [フォト] とタップします。

タップする

2 初回は [許可] → [許可] とタップします。

このデバイス内の写真と動画へのアクセスを フォト に許可しますか？

許可

許可しない

タップする

3 バックアップの確認画面が表示されたら、ここでは、[バックアップをオンにする] をタップします。その場合、撮影した写真がWi-Fi接続時にGoogleフォトへ自動で保存されます。

思い出を安全に保存しましょう

写真と動画は Google アカウントに安全にバックアップされます

タップする

技評太朗
gihyo.a9@gmail.com ▼

バックアップしない

バックアップをオンにする

4 「フォト」画面が表示されます。写真や動画のサムネイルをタップすると、写真や動画が表示されます。

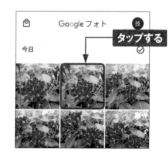

Google フォト

今日

タップする

写真や動画を共有する

① 共有したい写真や動画を表示し、[共有] → [許可] をタップします。

タップする

< 共有　　幸 編集　　◎ レンズ　　🗑 削除

② 写真のメールへの添付や、SNSへの投稿ができます。追加して複数の写真を利用できます。ここでは例として、「アプリで共有」の[Gmail]（または[その他] → [Gmail]）をタップします。

× 　1件のファイルを選択中

Google フォトで送信 ⑦　　　Q

新しいグループ　　gihyo.rakuten...　　その他

⋈ ニアバイシェア　　∞ リンクを　　タップする

アプリで共有

💬 メッセージ　　M Gmail　　G 画像を検索　　その他

③ 添付された状態でGmail作成画面が表示されるので、宛先や件名、内容を入力します。

← 作成　　📎 ▷ ⋮

From　gihyo.a9@gmail.com

To |　　　　　　　　　　　　∨

件名

メールを作成

入力する

IMG20230721104506.jpg
3MB　　　×

④ 入力を完了後、▷をタップすると、メールが送信されます。

← 作成　　📎 ▷ ⋮

From　gihyo.a9@gmail.com

To　sample@gihyo.co.jp　　タップする

近場の写真を送ります

市ヶ谷駅前のお堀の写真です。

。 の と って という ∨
を に 〜 が 、 とか ?
↺ あ か さ ⌫
◀ た な は ▶
☺記 ま や ら ␣

5

125

写真を編集する

(1) P.124を参考に写真を表示して、[編集] をタップします。

タップする

共有　編集　レンズ　削除

(2) 写真の編集画面が表示されます。写真にフィルタをかける場合は、[フィルタ] をタップし、かけたいフィルタ（ここでは [パルマ]）をタップします。

②スワイプする　①タップする

ゲート　グレイ　パルマ　ブラッシュ　アル

り抜き　調整　フィルタ　マータッチ

③タップする　保存

(3) [調整] をタップすると、明るさやカラーなどを調整できます。

タップする

明るさ　コントラス　ト　ホワイ　ハイラ

補　切り抜き　調整　フィルタ　マー

キャンセル　保存

(4) 手順②または③の画面で [切り抜き] をタップすると、写真のトリミングや角度調整が行えます。　をドラッグしてトリミングをして、画面下部の目盛りを左右にスワイプして角度を調整し、[保存] → [コピーとして保存] をタップすると、写真の編集が完了します。

①ドラッグする

②スワイプする

自動　リセット

補　切り抜き　調整　フィ

③タップする　保存

写真や動画を削除する

1 「フォト」アプリを起動して、削除したい写真をロングタッチします。

ロングタッチする

2 写真が選択されます。複数の写真を削除したい場合は、ほかの写真もタップして選択しておきます。選択が完了したら🗑をタップします。

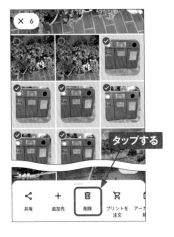

タップする

< 共有　＋ 追加先　🗑 削除　🛒 プリントを注文　アーカ

3 同期の確認が表示されたら[OK]をタップします。[ゴミ箱に移動]をタップします。

Google アカウントと、バックアップがオンになっている他のすべてのデバイスから削除してもよろしいですか？削除すると、Google アカウントの空き容量が 25 MB 増えます。

🗑 ゴミ箱に移動（6 個）← タップする

4 選択した写真が削除されます。

6 件をゴミ箱に移動しました　元に戻す

📷 フォト　🔍 検索　👥 共有　📊 ライブラリ

Googleフォトを
活用する

Application

「フォト」アプリでは、写真をバックアップしたり、写真を検索したりできる便利な機能が備わっています。また写真は自動的にアルバムで分類されるので、撮影した写真をかんたんにまとめてくれます。

バックアップする写真の画質を確認する

1 「フォト」アプリを起動して、右上の自分のアカウントのアイコンをタップし、[フォトの設定] をタップします。

2 [バックアップ] をタップします。

3 オフならオンにして、[バックアップの画質] をタップします。

4 [元の画質] もしくは [保存容量の節約画質] をタップして選択します。

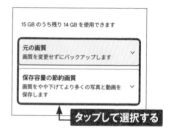

MEMO アップロードサイズの違い

手順④で [保存容量の節約画質] をタップすると、容量を節約するために写真は圧縮され、動画は最大解像度を1080pに調整して保存されます。それに対して、[元のサイズ] をタップすると、写真の解像度を落とすことなく保存できます。保存できる枚数は、どちらを選んでもGoogleドライブの容量の上限（標準で15GB）までとなります。

お気に入りの写真を閲覧する

(1) 「フォト」アプリで写真や動画を表示した状態で☆タップすると、お気に入りに登録することができます。

タップする

(2) P.124手順④の画面で［ライブラリ］をタップします。

タップする

(3) ［お気に入り］をタップします。

タップする

(4) お気に入りに登録した写真や動画が一覧で表示されました。

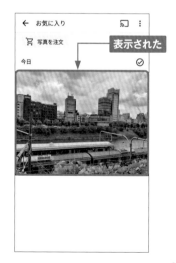

表示された

5

🖼 写真を検索する

1 「フォト」アプリを起動し、[検索] をタップします。

タップする

2 [写真を検索] をタップして、キーワードを入力します。

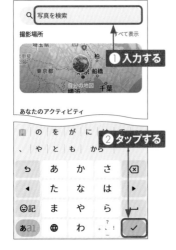

① 入力する
② タップする

3 キーワードに対応した写真の一覧が表示されます。

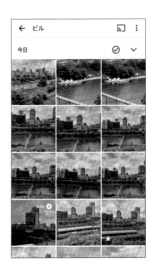

📝 MEMO カテゴリなどから検索する

手順②で下にスクロールすると、カテゴリなどが表示されます。キーワードが思い浮かばない時は、こちらをタップしてもいいでしょう。

タップする

Chapter

6

独自の機能を利用する

スマートサイドバーを利用する

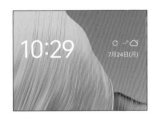

Application

スマートサイドバーは、どんな画面からもすぐに目的の操作を行える便利な機能です。ドラッグして表示したフローティングウィンドウによく使うツールやアプリを登録したり、起動することができます。

スマートサイドバーを操作する

(1) フローティングバーを画面の中央に向かってドラッグします。なお、フローティングバーは標準では未使用時は自動的に消えますが、消えた状態でもこの操作は有効です。

ドラッグする

(2) フローティングウィンドウが表示されます。アプリのアイコンをタップすると、アプリが起動します。フローティングウィンドウ以外の部分をタップするか、◁をタップします。

タップする

(3) フローティングウィンドウの表示が消え、もとの画面に戻ります。

10:29   7月24日(月)

MEMO スマートサイドバーがオフの場合

標準ではフローティングバーは、画面の右側面上部に表示(自動的に非表示になります)されますが、スマートサイドバーがオフの場合は表示されませんし、手順①の操作をしてもフローティングウィンドウが表示されません。その場合は、「設定」アプリを起動して、[特殊機能] → [スマートサイドバー] とタップして [スマートサイドバー] をオンにします(P.135参照)。

■ フローティングウィンドウをカスタマイズする

① フローティングウィンドウを表示して、[編集] をタップします。

タップする

② フローティングウィンドウから削除したいアプリの➖をタップします。

タップする

③ アプリが削除されました。アプリを追加したい場合は、左の画面で追加したいアプリの➕ をタップします。

タップする

④ フローティングウィンドウにアプリが追加されました。[完了] をタップします。

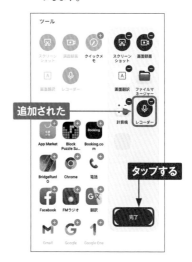

追加された

タップする

■ フローティングウィンドウから分割表示する

(1) P.132手順①を参考にフローティングウィンドウを表示させます。

(2) フローティングウィンドウのアプリアイコン（ここでは「フォト」）をロングタッチして、ホーム画面へドラッグします。

①ロングタッチする
②ドラッグする

(3) 次に、分割画面の下部に表示したいアプリ（ここでは「Playストア」）をタップして起動します。

タップする

(4) 分割表示されました。

スマートサイドバーを設定する

(1) 「設定」アプリを起動して [特殊機能] をタップします。

設定

- プライバシー >
- 位置 >
- 緊急情報と緊急通報

タップする

- バッテリー >
- 特殊機能 >
- Digital Wellbeing と保護者による使用制限 >
- その他の設定 >
- デバイスについて >
- ユーザーとアカウント >

(2) [スマートサイドバー] をタップします。

← 特殊機能

画面分割
一度に2つのアプリを画面上に表示して、マルチタスクを容易にします。

フレキシブルウィンドウ
フローティングウィンドウを使ってより多くのことが行えます。

タップする

クイック起動
デバイスのロック解除と同時に、よく使う機能にアクセスします。

スマートサイドバー
クイック起動アプリまたはスライドバーからのアクセス機能

キッズスペース
Digital Wellbeing がすぐに起動します。

シンプルモード
テキスト、アイコン、音のそれぞれが大きくなります。

(3) スマートサイドバーのオン／オフをタップして選択できます。

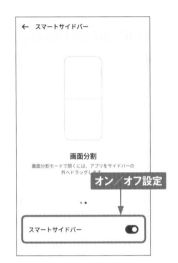

← スマートサイドバー

画面分割
画面分割モードで開くには、アプリをサイドバーの外へドラッグします

オン／オフ設定

スマートサイドバー ⬤

(4) 画面を下にスワイプすると、フローティングバーを「自動的に非表示」と「非表示にしない」（常に表示）から選択できます。

← スマートサイドバー **表示設定**

フローティングバー

19 30   19 30

自動的に非表示   非表示にしない
⬤   ◯

スマートサイドバーを使用していないときに、フローティングバーを自動的に非表示にします。フローティングバーは、画面上半分の画面の左端または右端にのみ固定できます。

6

Application

ファイルを管理する

本体内部などのファイルを管理する「ファイルマネージャー」アプリが利用できます。このアプリから、どんなデータが容量が大きいのか確認したり、不要なデータを削除したりすることができます。

ファイルマネージャーを利用する

(1) ホーム画面または「アプリ一覧」画面で、[ファイルマネージャー]をタップします。

(2) 「ファイルマネージャー」アプリが起動します。ここでは、[デバイスストレージ]をタップします。

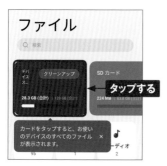

(3) 本体内のデータが入ったフォルダが表示されます。フォルダをタップすると、中を確認することができます。

(4) 手順②の画面で、種類の項目をタップすると(ここでは[写真])、種類別にファイルが表示されます。

■ ファイルの確認をする

1 P.136手順③の画面で、[DCIM] → [Camera] とタップします。

2 ファイルの一覧がファイル名の順番で表示されます。[ファイル名] をタップして [サイズ] をタップします。

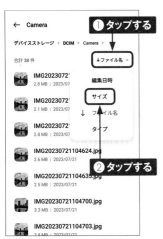

3 ファイル容量の大きい順に並び替えられました。任意のファイルをロングタッチして、選択します（チェックを付ける）。

4 チェックを付けたファイルに対して、削除や移動といった操作ができます。また、[その他] をタップして、そのほかの操作をすることもできます。

画面を
スクリーンショットする

Application

画面をスクリーンショットして、画像として保存します。保存した画像は、「Picture」-「Screenshots」フォルダに保存され、「フォト」アプリなどで利用することができます。

画面をスクリーンショットする

1 スクリーンショットしたい画面を表示して、音量キーの下側と電源ボタンを同時に素早く押します。

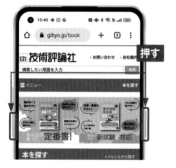

2 画面の下部にサムネイルとアイコンがしばらく表示されて、画面がスクリーンショットされます。

3 Webページなど、表示されていない画面下の部分までスクリーンショットしたいときは、手順②の画面で[スクロール]をタップします。画面がスクロールして、長い画像としてスクリーンショットできます。[完了]をタップしたら保存終了します。

■ スクリーンショットした画面を編集する

① P.138手順②でスクリーンショットしたサムネイル画像をタップすると、編集画面になります。

② ここでは、スクリーンショット画面に指で描き込みをしてみましょう。[マークアップ]をタップします。

タップする

③ 表示されたスクリーンショット画面に、指で描き込みをします。☑をタップするとオリジナルとは別に保存されます。

❶描き込む　❷タップする

6

④ 「フォト」アプリを起動して、[ライブラリ] → [Screenshots] とタップすると、スクリーンショットと編集して保存した画像が保存されていることがわかります。

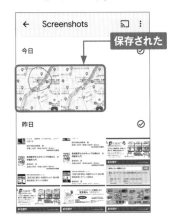

保存された

■ その他のスクリーンショット方法

● フローティングウィンドウから行う

① スクリーンショットを撮りたい画面を表示して、Sec.49を参考に画面をスワイプします。

② フローティングウィンドウが表示されたら、[スクリーンショット] をタップします。

● 3本指で行う

① スクリーンショットを撮りたい画面を表示します。

② 3本指で、画面を上から下に向かってスライドします。

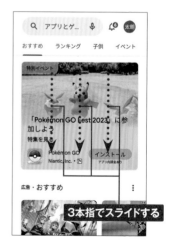

画面の一部分をスクリーンショットする

1 スクリーンショットを撮りたい画面を表示して3本指でロングタッチします。

3本指でロングタッチする

2 切り取りの画面に変わり、切り取り形状を選択できます。ここでは、[四角形] をタップします。

タップする

3 切り取りたい部分を指でドラッグします。

ドラッグする

4 切り取り画面を作成しました。☑ をタップすると保存されます。

タップする

6

画面ロックに暗証番号を設定する

Application

Reno9 A ／ 7 Aは、パスワードを使用して画面にロックをかけることができます。パスワードは、あとから変更することもできます（P.143MEMO参照）。

画面ロックに暗証番号を設定する

1 ［設定］アプリを起動して、［パスワードとセキュリティ］をタップします。

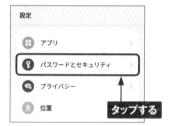

```
設定

🔲 アプリ                    >
❓ パスワードとセキュリティ   >
🔁 プライバシー              >
🔵 位置          タップする
```

2 ［パスワードを設定］をタップしてパスワードタイプを選択します。ここでは［数字］をタップします。続いて［続行］をタップします。

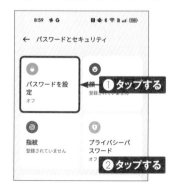

```
8:59  🔵 G           📶 ⬚ * 🛜 🔋 ⓘⓘ (100)
← パスワードとセキュリティ

┌─────────────┐
│             │  🔵
│ パスワードを設 │  紋    ① タップする
│ 定           │  登録されていません
│ オフ         │
└─────────────┘

🔵              🔵
指紋            プライバシーパ
登録されていません  スワード
               オフ  ② タップする
```

3 指紋認証についての画面が表示される場合があります。ここでは、［キャンセル］をタップします。

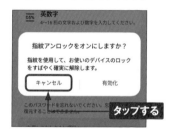

```
━━ 英数字
05%  4〜16桁の文字および数字を入力してください

┌───────────────────────────┐
│ 指紋アンロックをオンにしますか？      │
│                           │
│ 指紋を使用して、お使いのデバイスのロック │
│ をすばやく確実に解除します。         │
│                           │
│ ┌─────────┐                │
│ │ キャンセル │    有効化        │
│ └─────────┘                │
└───────────────────────────┘

このパスワードを忘れないでください。※
復元することはできません        タップする
```

4 6桁の数字を2回入力したら設定完了です。なお、［その他の暗号方法］をタップすると、パスワード数字の桁数変更や英数字などに変更できます。

```
          パスワードを設定
      6桁の数字を入力してください  入力する

      ┌─────────────────┐
      │ ● ● ● ● ● ●    │ ◀━
      └─────────────────┘

           その他の暗号化方法

        1        2        3
```

暗証番号で画面のロックを解除する

1 スリープモード（Sec.02参照）の状態で、電源ボタンを押します。

押す

2 ロック画面が表示されます。上にスワイプします。

スワイプする

3 P.142手順④で設定したパスワードを入力すると、画面のロックが解除されます。

パスワードを入力

入力する

MEMO 暗証番号の変更

設定した暗証番号を変更するには、P.142手順②で［パスワードを設定］をタップして現パスワードを入力して「パスワードを設定」画面を表示します。そこで、設定したパスワードの種類（ここでは［数字］）をタップして、古いパスワード→新しいパスワードと入力すれば再設定できます。

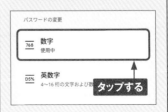

パスワードの変更

768 数字
使用中

D5% 英数字
4〜16 桁の文字および数字

タップする

指紋認証で 画面ロックを解除する

Application

Reno9 A ／ 7 Aは、指紋センサーを使用してスリープモードや画面ロックを解除することができます。指紋認証の場合は、予備の解除方法を併用する必要があります。

指紋を登録する

(1) P.142手順②の画面で、[指紋]をタップします。

(2) [同意する] をタップします。

(3) ロック解除パスワードを設定していない場合は、設定が必要です。[続行] をタップします。

(4) P.142を参考に、パスワードを設定します。

(5) 画面下部のセンサー部分に指を置いて指紋をスキャンします。

(6) 指紋のスキャンが終わったら[完了]をタップします。

タップする

(7) 指紋が登録されました。指紋を追加するなら[指紋を追加]をタップして同じ操作をします。

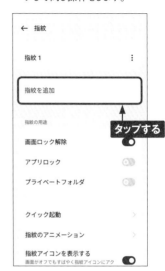

← 指紋

指紋 1   ⋮

指紋を追加

指紋の用途   タップする

画面ロック解除

アプリロック

プライベートフォルダ

クイック起動   ⟩

指紋のアニメーション   ⟩

指紋アイコンを表示する
画面がオフでもすばやく指紋アイコンにアク

6

指紋認証を利用する

(1) スリープ画面とロック画面で、センサーアイコンが表示されます。センサーアイコンに登録した指で触れるとロックが解除されます。

表示される

(2) ロックが解除されてホーム画面が表示されました。

145

顔認証で画面ロックを解除する

Application

Reno9 A／7 Aでは、顔認証を利用してロックの解除などを行うこともできます。なお、顔の登録のときにはメガネやマスク、帽子など、顔を覆っているものは装着しないようにしましょう。

顔データを登録する

1 P.142手順②の画面で［顔］をタップします。

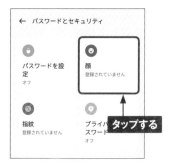

← パスワードとセキュリティ

パスワードを設定
オフ

顔
登録されていません

指紋
登録されていません

プライバ
スワード **タップする**
オフ

2 ［同意する］をタップします。

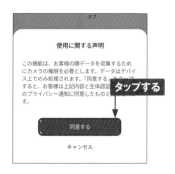

使用に関する声明

この機能は、お客様の顔データを収集するためにカメラの権限を必要とします。データはデバイス上でのみ処理されます。「同意する」をタッチすると、お客様は上記内容と生体認証 **タップする** のプライバシー通知に同意したもの

同意する

キャンセル

3 ロック解除パスワードを設定していない場合は、設定が必要です。

重要な通知

このパスワードは、端末のロック解除に使用されます。パスワードを忘れた場合は、端末を工場出荷時の設定に戻してリセットし、端末のデータをすべて消去する必要があります。忘れないようご注意ください。

キャンセル

続行

システムセキュリティ

タップする

生体認証アンロックのプライバシー通知

4 P.142を参考に、パスワードを設定します。

パスワードを管理

パスワードタイプの選択

数字

英数字

パターンコード

タップする

キャンセル

⑤ [続行] をタップして、顔情報を
登録します。[完了] をタップして
登録終了です。

タップする

⑥ 顔認証登録されていれば、ロック
画面で自動で顔認証され、鍵が
開きます。あとは、スワイプすれ
ばホーム画面が表示されます。

解除された

11
08

7月25日(火)
充電完了

スワイプする

6

MEMO 顔データの削除

顔データは1つしか登録できないため、顔データ
を更新したい場合は、前のデータを削除する必
要があります。顔データを削除したい場合は、
P.146手順①の画面で、[顔] → [削除] → [削
除] とタップします。

← 顔

顔データ   削除

顔データの用途   タップする

画面ロック解除   ●

アプリロック

プライベートフォルダ

ロック解除後にホーム画面に移動

薄暗い環境で画面の明るさを上げ
る

目を開く必要あり   ●

147

ファイルを共有する

Reno9 A ／ 7 Aでは、近くの端末と画像などのファイルをやり取りすることができます。Androidの「ニアバイシェア」とOPPOの「OPPO Share」が利用できるので、用途によって使い分けましょう。

Application

ニアバイシェアで近くの端末と共有する

(1) ニアバイシェアを有効にするには、「設定」アプリを起動し、[Google] → [デバイス、共有]の順にタップします。

← Google

このデバイス上のサービス

タップする

Google アプリの設定

セットアップと復元

デバイス、共有

デバイスを探す

(2) [ニアバイシェア] をタップします。

デバイス、共有

Cast のオプション

タップする

Chromebook

デバイス

ニアバイシェア

(3) [ニアバイシェアを使用] をタップすると、有効になります。この画面では公開範囲の設定（標準では連絡先の相手のみ）ができます。なお、送信相手もニアバイシェアが有効である必要があります。

← ニアバイシェア

ニアバイシェアを使用

アカウントとデバイス

タップする

MEMO ニアバイシェア

ニアバイシェアは、Androidの機能で、Android 6.0以上でニアバイシェアに対応したAndroidスマートフォン同士で動画や画像、テキストを共有できます。Wi-FiやBluetoothを利用して接続するため、相手の端末が近くにあり、Wi-FiやBluetooth、位置情報が有効であることが必要です。

④ ニアバイシェアでファイルを送信するには、アプリ(画面は「フォト」)でファイルを表示して、[共有]をタップします。

タップする

共有　編集　レンズ　削除

⑤ [ニアバイシェア]をタップします。すると、付近のニアバイシェアの有効な相手に通知が表示されるので、それをタップします。

Google フォトで送信 ⑦　　　　　🔍

新しいグループ　高崎康礼　matsushima

タップする

✕ ニアバイシェア　🔗 リンクを作成

アプリで共有

ストーリーズ　プロフィールにする　ニュースフィード　その他

⑥ 送信先の相手が表示されるので、タップします。

ニアバイシェア　⚙

タップする

OPPO Reno9 A

次のデバイスとして共有　🔲 t さんのスマートフォ

⑦ 送信先の相手が[承認する]をタップすると、ファイルが送信されます。[完了]をタップします。

ニアバイシェア　⚙

タップする

OPPO Reno9 A

閉じる　　　　完了

6

149

OPPO Shareを利用する

① Sec.06を参考にコントロールセンターを表示します。左方向にスワイプします。

スワイプする

② [OPPO Share] をタップしてオンにします。権限や許可の確認画面が表示されたら、指示に従って進めます。

タップする

③ たとえば、P.125手順②の画面で、[OPPO Share] をタップすれば、近くにあるOPPO Share対応デバイスと写真の共有ができます。

タップする

MEMO **OPPO Shareとは**

「OPPO Share」とはOPPOのスマートフォン間で、ワイヤレスで写真や動画などのファイルの送受信ができる機能です。OPPOのスマートフォン以外では、日本で発売されているスマートフォンでは、Xiaomiのスマートフォンにも対応しています。

Reno9 A ／ 7 Aを
使いこなす

ホーム画面を
カスタマイズする

Application

アプリアイコンをアプリ一覧画面からホーム画面へ移動したり（ドロワーモード）、フォルダを作成して複数のアプリアイコンを収めることができます。ドックのアイコンを入れ替えることもできます。

アプリアイコンをホーム画面に追加する（ドロワーモード）

1 ホーム画面が「ドロワーモード」（P.9参照）の場合は、任意のアプリアイコンを「アプリ一覧」画面からホーム画面へ追加できます。アプリ一覧画面で追加したいアプリアイコンをロングタッチします。

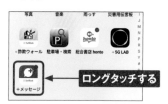

ロングタッチする

2 ホーム画面までドラッグします。

ドラッグする

3 ホーム画面上にアプリアイコン（ショートカット）が追加されました。

4 ロングタッチしてからドラッグして、任意の位置に移動することができます。左右の画面に移動することも可能です。

ドラッグする

■ フォルダを作成する

(1) ホーム画面でフォルダに収めたい
アプリアイコンをロングタッチします。

(2) 同じフォルダに収めたいアプリア
イコンの上にドラッグします。

(3) フォルダが作成されます。[フォル
ダ] をタップします。

(4) フォルダが開いて、中のアイコン
が表示されます。[フォルダ]をタッ
プします。

(5) 任意の名前を入力し、✓をタップ
すると、フォルダ名を変更できま
す。

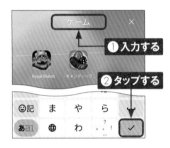

MEMO 自動的に フォルダ名がつく

手順③では「フォルダ」というフォ
ルダ名ですが、収めるアプリに
よって自動的に適した名前がつき
ます。その場合でも手順④〜⑤
のように変更することができま
す。

7

■ ドックにアイコンを追加する

(1) ホーム画面で、ドックのアイコン（ここでは📞）をロングタッチします。

ロングタッチする

(2) アプリアイコンを上方向にドラッグし、ホーム画面上で離します。

ドラッグする

(3) お気に入りトレイに移動させたいアプリアイコン（ここでは［Gmail］）をロングタッチします。

ロングタッチする

(4) アプリアイコンを下方向にドラッグし、ドックの上で離します。

ドラッグする

■ レイアウトを変更する

(1) ホーム画面でロングタッチします。

(2) 画面下に表示された [レイアウト] をタップします。

(3) ここでは [5×6] → [適用] とタップします。

(4) アイコンが5×6のレイアウトで並びました。元に戻す場合は手順③で [4×6] → [適用] とタップします。

■ アイコンの表示を変更する

① 表示されるアイコンの形状やサイズなどを設定することができます。ホーム画面でロングタッチします。

② [アイコン] をタップします。

③ アイコンの形状やサイズの変更をすることができます。画面を上方向にフリックします。

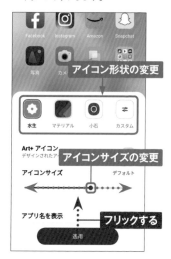

④ アイコンにアプリ名を表示する／しない、アプリ名のサイズの変更ができます。[適用] をタップしたら変更が適用されます。

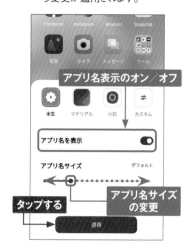

シンプルモードに切り替える

① 「設定」アプリを起動して、[特殊機能] をタップします。

② [シンプルモード] をタップします。

③ [シンプルモードにする] をタップします。

④ ホーム画面がアプリアイコンと文字が大きい「シンプルモード」に変更されました。「設定」アプリのメニューも簡略化されます。なお、標準の表示に戻すには、「設定」アプリを起動して [シンプルモードを終了] → [終了] とタップします。

7

壁紙を変更する

Application

撮影した写真など、Reno9 A ／ 7 Aに保存されている画像を壁紙に変更することができます。また、壁紙の色に合わせてアイコンなど全体の色を調整することもできます。

壁紙を写真に変更する

① 「設定」アプリを起動し、[壁紙とスタイル] をタップします。

③ ここでは自分で撮影した写真を壁紙にします。[アルバム] をタップします。

② [壁紙] をタップします。

④ 「アルバムを選択」画面で、ここでは [Camera] をタップします。

⑤ 撮影した写真が表示されるので、壁紙にしたい写真をタップします。

タップする

⑥ プレビューが表示されるので［適用］をタップして、写真を設定する場所を選択します。ここでは、［ホーム画面］をタップします。

| ロック画面 |
| ホーム画面 | ← タップする |
| ホーム画面とロック画面 |
| キャンセル |

⑦ ホーム画面の壁紙に設定されました。元に戻したい場合は、P.158手順③の「静止画」の中から元画像を見つけて設定します。

壁紙に合わせて配色を変更する

MEMO

P.158手順②の画面で、［カラー］をタップすると、壁紙の色に合わせて、全体の配色を変更することができます。表示された画面で、［壁紙の色］をタップして好みのカラーパレットをタップします。

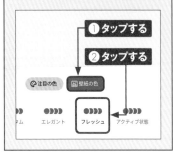

① タップする

② タップする

不要な通知を表示しないようにする

Application

通知はホーム画面やロック画面に表示されますが、アプリごとに通知のオン／オフを設定することができます。また、通知バーから通知を選択して、通知をオフにすることもできます。

アプリからの通知をオフにする

(1) 「設定」アプリを起動して、[通知とステータスバー]をタップします。

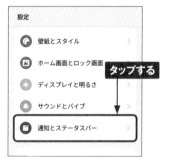

設定

- 壁紙とスタイル
- ホーム画面とロック画面　　タップする
- ディスプレイと明るさ
- サウンドとバイブ
- 通知とステータスバー

(2) 「通知とステータスバー」画面が表示されたら、上方向にフリックします。

← 通知とステータスバー

Q アプリを検索

位置別

フリックする

ロック画面　バナー　アプリのアイコン

ステータスバー

(3) アプリの一覧が表示されます。通知をオフにしたいアプリ（ここでは[メッセージ]）をタップします。

アプリの通知　　　　最近

- G Google　2時間前
- タップする
- 設定　最近の通知なし
- メッセージ　7日前

(4) [通知を許可]をタップすると「メッセージ」アプリのすべての通知がオフになります。個々の通知をタップすると、タップした通知がオフになります。

← メッセージ

通知を許可

その他

バックグラウンド タスク
サイレント通知

その他の通知
通知ドロワー、バナー、ロック画面、着信音、バイブレーション

📱 通知バーで通知をオフにする

① ステータスバーを下方向にスワイプします。

スワイプする

② 通知をオフにしたいアプリの通知をロングタッチします。

7:04 7月27日(木)

📶 Wi-Fi >   ✳ Bluetooth >

🔲 クイックデバイスコネクト・13分
権限のリクエスト
「クイックデバイスコネクト」は、お客様の...

🌐 フォト・gihyo.a9@gmail.com・13分
新しいフォルダが見つかりました
Download 内の写真を自

ロングタッチする

🌐 フォト・12分   2
スタイルを適用した写真がご覧になれます フ...
写真アニメーションがご覧になれます 最近の...

③ [通知をOFFにする] をタップすると、そのアプリからの通知がオフになります。

✕ 🔲 クイックデバイ... ・ クイック...

通知をオフにする

サイレントに設定

詳細設定

タップする

MEMO 通知バッジの許可

P.160手順②の画面で [アプリのアイコンのバッジ] をタップすると、アプリからの通知をアプリアイコンの右上に表示される通知バッジの設定ができます。

数字
未読メッセージの数を表示します。

ドット
消去していない通知がある場合、ドットを表示します。

番号またはドット
数字とドットの両方バッジで表示します。

7

Shelfを利用する

「Shelf」はColorOS 13より追加された新機能のランチャーです。
メモの内容や歩数、端末の情報などをすぐに確認することができ、
Shelfの画面にウィジェットを配置することもできます。

Shelfを設定する

(1) ホーム画面で下方向にフリックします。

フリックする

(2) 初回は「Shelfについて」画面が表示されるので[同意して続行する]をタップします。

Shelf について

便利なサービスと質の高いコンテンツ

一同意書および Shelf のプライバシー通知をご覧
ください。

タップする

同意して続行する

終了

(3) 権限の確認画面が表示されるので[OK]をタップします。許可画面が続くので指示に従って進めます。

「Shelf」は下記の権限を必要とします。

運動
歩数をカードに表示します。

カレンダー
カレンダーのイベントをカードに表示します。

キャンセル   OK

タップする

(4) Shelfが設定されました。次回からはホーム画面を下方向にフリックすると、この画面になります。

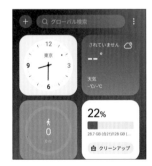

Qグローバル検索

されていません

12
東京
9   3
6

天気
-℃/-℃

22%

0

28.7 GB (合計)/128 GB (...

クリーンアップ

🔲 Shelfを利用する

(1) ホーム画面を下方向にフリックしてShelfの画面を表示します。それぞれがアプリのウィジェットとなっていて、タップするとアプリの機能が利用できます。ここでは、[歩数計]をタップします。

(2) 「歩数計」アプリの画面となりました。

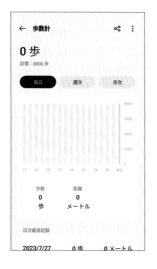

(3) Shelfにウィジェットを追加します。手順①の画面で➕をタップします。追加のウィジェットが一覧表示されるので、ここでは[レコーダー]→[追加]とタップします。

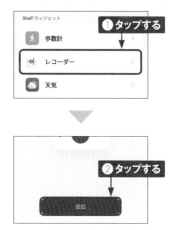

(4) Shelfに「レコーダー」が追加されました。

ダークモードを利用する

Application

Reno9 A ／ 7 Aでは、画面全体を黒を基調とした目に優しく、省電力にもなるダークモードを利用することができます。ダークモードに変更すると、対応するアプリもダークモードになります。

■ ダークモードに変更する

① 「設定」アプリを起動し、[ディスプレイと明るさ] をタップします。

② [ダークモード] をタップします。

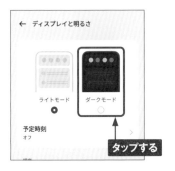

③ 画面全体が黒を基調とした色に変更されます。

④ 対応したアプリ（画面は「Playストア」）も、ダークモードになります。

スリープモードになるまでの時間を変更する

Application

スリープモード（P.10参照）に入るまでの時間を設定することができます。なお、初期設定では「30秒」でスリープモードになるように設定されています。

スリープモードになるまでの時間を変更する

(1) 「設定」アプリを起動し、［ディスプレイと明るさ］をタップします。

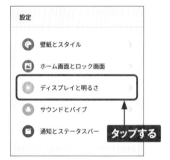

設定

🎨 壁紙とスタイル

🖼 ホーム画面とロック画面

⚙ ディスプレイと明るさ

🔔 サウンドとバイブ

💬 通知とステータスバー　**タップする**

(2) ［自動画面オフ］をタップします。

フォント

表示サイズ　　　　**タップする**

自動回転

自動画面オフ
30 秒

画面リフレッシュレート
高

アプリの全画面表示

(3) 「自動画面オフ」の画面になります。スリープモードになるまでの時間（ここでは「10分」）をタップします。

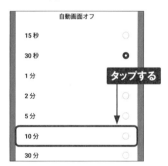

自動画面オフ

15 秒

30 秒　　●

1 分　　　**タップする**

2 分

5 分

10 分

30 分

(4) 「10分」に設定されました。

自動回転

自動画面オフ
10分

画面リフレッシュレート
高

アプリの全画面表示　**設定された**

お探しかもしれない項目：
壁紙

7

165

プライベートフォルダを利用する

Application

Reno9 A ／ 7 Aには、他人に見られたくないデータを隠すことができる、プライベートフォルダ機能があります。なお、利用にはプライバシーパスワードの設定が必要です。

プライベートフォルダの利用を開始する

① 「設定」アプリを起動し、[プライバシー] をタップします。

② [プライバシー] → [プライベートフォルダ] とタップすると、プライベートパスワードの設定画面となるので指示に従って進めます。

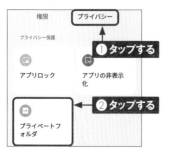

③ プライベートフォルダの画面です。データの種類別にファイルを収録することができます。収録したファイルは非公開となり、プライベートフォルダでしか見ることができません。

MEMO プライベートフォルダのパスワード

プライベートフォルダのロック解除は、ロック画面の解除に利用するパスワードとは別の種類を設定できます。また、たとえば両方で同じパスワードを設定することもできます。

Section **63**

QRコードを読み取る

Application

Reno9 A ／ 7 Aの「カメラ」アプリには、QRコードを読み取って、
Webサイトなどにアクセスする機能が搭載されています。アプリの
インストール時などにも役立ちます。

「カメラ」アプリでQRコードを読み取る

① 「カメラ」アプリを起動して「写真」
モードにします。

「写真」モード

③ 表示された[QRコードを認識]を
タップします。

タップする

② QRコードを「カメラ」アプリで読
み取ります。

④ 対応するアプリ（ここでは「Chr
ome」）が起動します。

7

画面の明るさを変更する

Application

Reno9 A ／ 7 Aの画面の明るさは手動で調整できます。使用する場所の明るさに合わせて変更しておくと、目が疲れにくくなります。暗い場所や、直射日光が当たる場所などで利用してみましょう。

見やすい明るさに調整する

① 「設定」アプリを起動して、[ディスプレイと明るさ] をタップします。

② 「輝度」のバーを左右にドラッグして、画面の明るさを調節します。

MEMO 明るさの自動調整のオン／オフ

手順②の画面で [明るさの自動調整] をタップすることで、画面の明るさの自動調整のオン／オフを切り替えることができます。オフにすると、周囲の明るさに関係なく、画面は「輝度」で設定した明るさになります。

アイコンフォートを設定する

「アイコンフォート」を設定すると、画面が黄味がかった色合いになり、薄明りの中でも画面が見やすくなって、目が疲れにくくなります。暗い室内で使うと効果的でしょう。

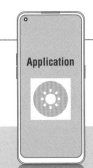

Application

アイコンフォートを設定する

① 「設定」アプリを起動して、[ディスプレイと明るさ] → [アイコンフォート] とタップします。

オフ

輝度

明るさの自動調整 **タップする**

画面色モード

アイコンフォート
オフ

② [アイコンフォート] をタップしてオンにすると、アイコンフォートが設定されます。

← アイコンフォート

アイコンフォート

スケジュール
未設定

画面色温度
低 **タップする** 高

③ 「画面色温度」の●を左右にドラッグすることで、色合いを調節できます。

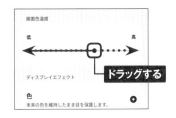

画面色温度

低 高

ディスプレイエフェクト **ドラッグする**

色
本来の色を維持したまま目を保護します。

MEMO アイコンフォートの自動設定

手順②の画面で [スケジュール] をタップすると、アイコンフォートに自動的に切り替わる時間を設定することができます。「オンにする」「オフにする」で時間を設定できます。

オンにする
22:00

オフにする
翌日 07:00

7

ナビゲーションボタンを カスタマイズする

Application

ナビゲーションボタンは、配置などをカスタマイズすることができます。また、ナビゲーションボタンを表示しない「ジェスチャー」ナビゲーションの設定方法も解説します。

ボタンの配置を変更する

① ナビゲーションボタンは、標準では左から履歴・ホーム・戻るの順に並んでいます（ワイモバイル版は逆）。

② これを変更するには、「設定」アプリを起動して、[その他の設定]をタップします。

③ [システムナビゲーション]をタップします。

← その他の設定

システムナビゲーション ボタン	>
言語および地域	>
キーボードと入力方式	>
日付と時間	>
ユーザー補助	>

タップする

④ 「ボタンのレイアウト」欄の下部をタップします。

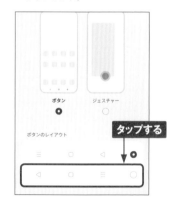

ボタン ● ジェスチャー ○

ボタンのレイアウト

タップする

⑤ 下部のボタンの表示が変わりました。□をタップして、ホーム画面に戻ってみましょう。

⑥ ホーム画面でも同様に、ボタンの順序が変わっています。

⑦ P.170手順④の画面で、[ジェスチャー] → [学習する] をタップします。

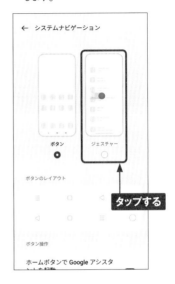

⑧ 「ジェスチャー」の操作練習になるので画面の指示に従って学習します。ボタンの表示がバーになり、画面が広く使えるようになります。

7

画面の書き換え速度や文字の見やすさを変更する

Application

Reno9 A / 7 Aは、画面の書き換え速度（リフレッシュレート）を変更することができます。また、文字の大きさやズームの度合いを変更して画面を見やすいように調整することができます。

画面の書き換え速度（リフレッシュレート）を変更する

1 「設定」アプリを起動し、［ディスプレイと明るさ］→［画面リフレッシュレート］の順にタップします。

自動回転

タップする

自動画面オフ
10分

画面リフレッシュレート
高

アプリの全画面表示

お探しかもしれない項目：
壁紙

2 標準では「高」に設定されています。［標準］をタップします。

高　　標準

タップする

高
最大 90 Hz のリフレッシュレートで、スムーズなアニメーション再生や操作を実現 ◉

標準
最大 60 Hz のリフレッシュレートでバッテリーを節約します。 ○

互換性の問題により、一部のアプリは 60 Hz のリフレッシュレートで動作します。

3 画面リフレッシュレートが最大60Hzに設定されました。←をタップします。

← 画面リフレッシュレート

タップする

高
最大 90 Hz のリフレッシュレートで、スムーズなアニメーション再生や操作を実現 ○

標準
最大 60 Hz のリフレッシュレートでバッテリーを節約します。 ◉

MEMO　動きの滑らかさ

Reno9 A / 7 Aの画面リフレッシュレートは、標準では「高」に設定されています。たとえばブラウザでスクロールするなど、高速な画面書き換えが必要な場合は、最大90Hzになります。これを「標準」に設定変更することで、書き換え速度を最大60Hzにして、バッテリーの消費を抑えることができます。

文字の見やすさを変更する

(1) P.172手順①の画面を表示し、[フォント]をタップします。

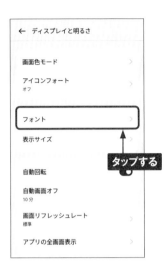

← ディスプレイと明るさ

画面色モード　　　　　　　　　　　　　　＞

アイコンフォート
オフ

フォント　　　　　　　　　　　　　　　　＞

表示サイズ　　　　　　　　　　　　　　　＞

タップする

自動回転

自動画面オフ
10分

画面リフレッシュレート
標準

アプリの全画面表示　　　　　　　　　　　＞

(2) [フォントサイズ]で、●を左右にドラッグして、文字の大きさを変えます。

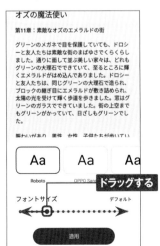

オズの魔法使い

第11章：素敵なオズのエメラルドの街

グリーンのメガネで目を保護していても、ドロシーと友人たちは素敵な街のまばゆさでくらくらしました。通りに面して並ぶ美しい家々は、どれもグリーンの大理石でできていて、至るところに輝くエメラルドがはめ込んでありました。ドロシーと友人たちは、同じグリーンの大理石で造られ、ブロックの継ぎ目にエメラルドが敷き詰められ、太陽の光を受けて輝く歩道を歩きました。窓はグリーンのガラスでできていました。街の上空までもグリーンがかかっていて、日ざしもグリーンでした。

賑わいがあり、男性、女性、子供たちが歩いてい

Aa　　Aa　　Aa

Roboto　　　OPPO San

ドラッグする

フォントサイズ　　　　　　　　　　　デフォルト

適用

(3) プレビューで大きさを確認することができます。[適用]をタップします。

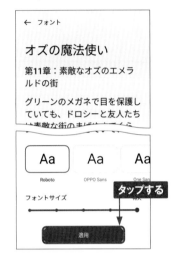

← フォント

オズの魔法使い

第11章：素敵なオズのエメラルドの街

グリーンのメガネで目を保護していても、ドロシーと友人たち
は素敵な街のまばゆさでくらくら

Aa　　Aa　　Aa

Roboto　　OPPO Sans　　One San

タップする

フォントサイズ

適用

(4) Webページを表示してみました。かなり大きく表示されていることがわかります。

本を探す　　　　　　▶ジャンルから探す

検索したい用語を入力　　　　　　　検索

書名（キーワード）またはISBN番号を入力してください

書名（キーワー　　入力例）これからはじめる
ド）　　　　　　VISTA
ISBN番号　　　入力例）978-4-7741-2556-1

サポートページ（ダウンロードや正誤表）を探す

上の検索ボックスにキーワードなどを入力して[検索]ボタンを押してください。検索結果画面の上部に「サポートページを探す」というタブがありますので、これをクリックするとサポートページのみの検索結果が表示されます。

例）「今すぐ使える Excel2003」を入力して[検索]→「サポートページを探す」をクリック

■書籍の内容についてのお問

動作を軽くする

Application

Reno9 A ／ 7 Aを使っているとグラフィックを多用したゲームや、普段の操作で重たく感じるときがあります。そんなときにはRAMに割り当てる容量を増やす設定をしてみましょう。

RAMの容量を拡張する

(1) 「設定」アプリを起動して、[デバイスについて]をタップします。

(2) 標準で4GBのRAMが拡張されています（合計8GB）。[RAM]をタップします。

(3) 「RAMの拡張」画面です。「追加容量」で追加したい容量を●をドラッグして設定します。

(4) 設定が終わりましたが、再起動が必要です。[今すぐ再起動]をタップします。

撮影時のデータ保存先をSDカードにする

Application

初期設定ではカメラ撮影時のデータ保存先は本体になっていますが、容量が足りなかったり、撮影データを別に保存したい場合は、SDカードに変更することができます。

SDカードに保存設定する

(1) SDカードをセットした状態で行います。「設定」アプリを起動して、[デバイスについて] → [ストレージ] とタップします。

(2) 画面を上にフリックして、一番下の [SDカード] をタップします。

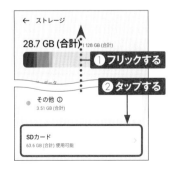

(3) SDカードに保存するアプリを設定します。ここでは [カメラ] をタップしてオンにします。

(4) 「カメラ」アプリがオンになりました。これで、「カメラ」アプリで撮影時にはSDカードに保存されるようになりました。

7

175

アプリの利用時間を設定する

Application

「Digital Wellbeing」では利用時間をグラフなどで詳細に確認でき、各アプリの起動回数なども確認できます。また、アプリごとに設定した利用時間が経過すると停止するようにできます。

利用時間を見える化する

(1) 「設定」アプリを起動して、[Digital Wellbeingと保護者による使用制限]をタップします。

(2) 今日の各アプリの利用時間が円グラフで表示されます。[今日]をタップします。

(3) 直近の曜日の利用時間がグラフで表示されます。任意の曜日をタップします。

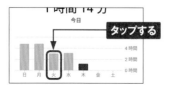

(4) 手順③でタップした曜日の利用時間が表示されます。画面下部には各アプリの利用時間が表示されます。

MEMO 通知数や起動回数を確認する

手順③の画面で、[ロック解除数]や[通知数]をタップして表示を切り替えると、それぞれの回数を確認することができます。

利用時間を制限する

① P.176手順④の画面で、利用時間を設定するアプリ（ここでは「LINE」）の 8 をタップします。

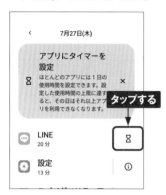

③ 利用時間が設定されました。

② 「アプリタイマーの設定」で時間を上下にドラッグして設定し、[OK] をタップします

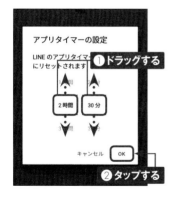

④ 設定した利用時間が経過すると、アプリが停止するので、[OK] をタップします。その日は、アプリを利用できなくなります。

MEMO 時間設定できないアプリ

「設定」アプリなど、重要なシステムアプリは利用時間の設定ができません。

MEMO フォーカスモード

仕事や勉強に集中したいとき、妨げになるアプリを停止するのがフォーカスモードです。設定した時間内は指定したアプリを起動できなくなり、アプリからの通知も届かなくなります。「設定」アプリ→ [Digital Wellbeingと保護者による使用制限] → [フォーカスモード] から設定します。

アプリのアクセス許可を変更する

Application

アプリの初回起動時にアクセスを許可していない場合、アプリが正常に動作しないことがあります（P.20MEMO参照）。ここでは、アプリのアクセス許可を変更する方法を紹介します。

アプリのアクセスを許可する

① 「設定」アプリを起動して、[アプリ] をタップします。

② [アプリ管理] をタップします。

③ 「アプリ管理」画面が表示されたら、アクセス許可を変更したいアプリ（ここでは [カレンダー]）をタップします。

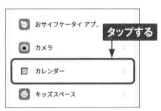

④ 選択したアプリの「アプリ情報」画面が表示されたら [アプリの権限] をタップします。

⑤ 「アプリの権限」画面が表示されます。ここでは [位置情報] をタップします。

タップする

⑥ [アプリの使用中のみ許可] をタップします。←をタップします。

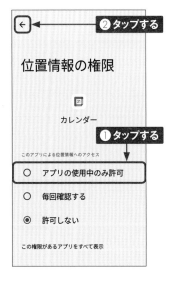

② タップする

① タップする

⑦ 「位置情報」が許可されました。

アプリのデータと
MEMO キャッシュの削除

P.178手順④の画面で [ストレージ使用状況] をタップすると、「ストレージ使用状況」画面が表示されます。[データを消去] や [キャッシュを消去] をタップすると、アプリを初期化できます。

7

バッテリーや通信量の消費を抑える

Application

「省エネモード」や「データ通信量の節約」をオンにすると、バッテリーや通信量の消費を抑えることができます。状況に応じて活用し、いざというときに使えないということがないようにしましょう。

省エネモードを設定する

① アプリ一覧画面で [設定] をタップして、[バッテリー] をタップします。

③ [省エネモード] をタップして、オンにします。

② [省エネモード] をタップします。

④ 必要に応じて、制限したくない項目をタップしてオフにします。

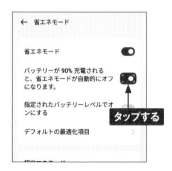

🏍 データ通信量を節約する

① 「設定」アプリを起動して、[モバイルネットワーク] → [データ使用量] とタップします。

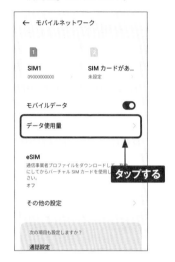

③ [データ通信量の節約] をタップして、[オン] をタップします。

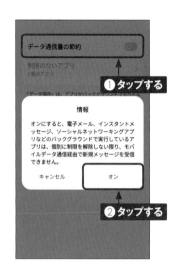

② [データの使用制限] をタップすると、1日や1か月のデータ使用量上限を設定できます。ここでは、[データ通信量の節約] をタップします。

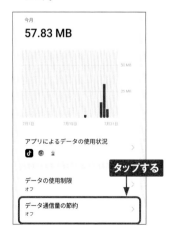

④ [すべて] をタップすると、バックグラウンドでの通信を停止するアプリが表示されます。常に通信を許可するアプリがある場合は、アプリの ◯ をタップして ● にします。

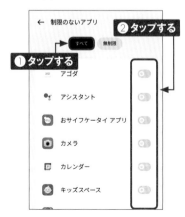

Section **73**

Wi-Fiを設定する

Application

自宅のアクセスポイントや公衆無線LANなどのWi-Fiネットワークが
あれば、モバイル回線を使わなくてもインターネットに接続して、よ
り快適に楽しむことができます。

Wi-Fiに接続する

① ［設定］アプリを起動して、［Wi-Fi］をタップします。

② 「Wi-Fi」が ◯ の場合は、タップして ◉ にします。

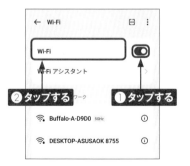

③ 接続先のWi-Fiネットワークをタップします。

④ パスワードを入力し、必要に応じてほかの設定をして（P.183 MEMO参照）、✓をタップすると、Wi-Fiネットワークに接続できます。

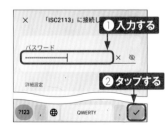

Wi-Fiを追加する

(1) 初めて接続するWi-Fiの場合は、P.182手順③の画面で[ネットワークを追加]をタップします。

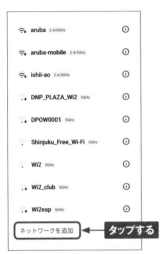

(2) 「ホットスポット名」を入力し、[セキュリティ]をタップします。

(3) セキュリティ設定をタップして選択します。

(4) パスワードを入力して✓をタップすると、Wi-Fiに接続できます。

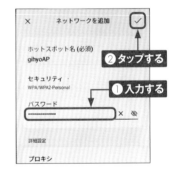

MEMO MACアドレスを固定する

標準ではセキュリティを高めるため、Wi-Fi MACアドレスがアクセスポイントごとに個別に割り振られます。これを本体のMACアドレスに固定したい場合は、手順②の画面で[プライバシー]→[デバイスのMACアドレスを使用します]をタップします。

Wi-Fiテザリングを利用する

Application

Wi-Fiテザリングは、Reno9 A / 7 AをWi-Fiアクセスポイントとして、パソコンやゲーム機などを、ネットに接続する機能です。Reno9 A / 7 Aにネットワーク名とパスワードを設定して利用します。

Wi-Fiテザリングを設定する

(1) 「設定」アプリを起動し、[接続と共有] をタップします。

(2) [パーソナルホットスポット] をタップします。

(3) [ホットスポット設定] をタップします。

(4) 標準のホットスポット名とパスワードが設定されていますが、これを変更しておきましょう。

(5) 新しいホットスポット名とパスワード
を入力し、[セキュリティ]をタップ
します。

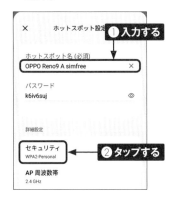

(6) セキュリティを選択してタップしま
す。

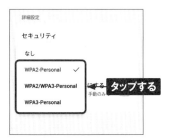

(7) [パスワード]をタップします。

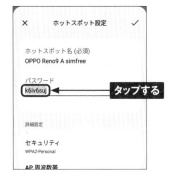

(8) 新しいパスワードを入力して、✓を
タップします。

(9) [パーソナルホットスポット]をタッ
プしてオンにすると、Wi-Fiテザリ
ングが利用できます。他の機器か
ら、接続情報を入力して接続しま
す。

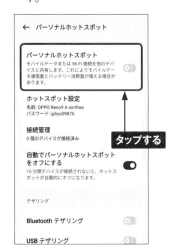

185

Bluetooth機器を利用する

Application

Reno9 A ／ 7 Aは、イヤホンやキーボードなどのBluetoothに対応しているデバイスと、連携させることができます。 なお、あらかじめ接続するデバイスを使用可能な状態にしておく必要があります。

Bluetooth機器とペアリングする

① ホーム画面または「アプリ一覧」画面で、[設定] をタップします。

② [Blutooth] をタップします。

③ Bluetooth機能がオフになっている場合、この画面が表示されるので、[Blutooth] をタップしてオンにします。

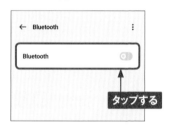

④ 周辺のペアリング可能な機器が自動的に検索されて、一覧表示されます。再度、検索する場合は、[更新] をタップします。

⑤ 接続できるデバイス一覧が表示されるので、接続するデバイス名をタップします。

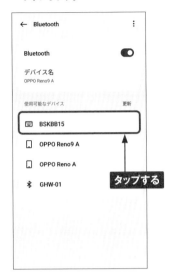

⑥ ペアリング設定コードを接続する機器で入力します。このようなキー入力が必要ない場合もあります。

⑦ 「ペアリング済みデバイス」画面にデバイスが表示されれば、設定完了です。

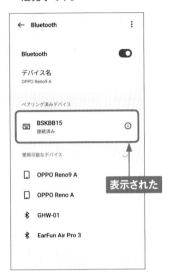

MEMO ペアリング設定の解除

手順⑦の画面を表示し、接続を解除したいデバイス名をタップし、[ペアリングを解除]をタップすると、接続が解除されます。

リセット・初期化する

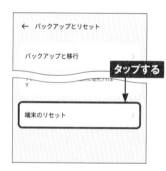

Application

Reno9 A ／ 7 Aの動作が不安定なときは、工場出荷状態初期化すると回復する可能性があります。また、中古で販売する際にも、初期化して、データをすべて削除しておきましょう。

工場出荷状態に初期化する

(1) 「設定」アプリを起動し、[その他の設定] をタップします。

(2) [バックアップとリセット] をタップします。これによってすべてのデータや自分でインストールしたアプリが消去されるので、注意してください。

(3) [端末のリセット] をタップします。

(4) [すべてのデータを消去] をタップして、画面の指示に従って進めると、初期化が始まります。

本体ソフトウェアを更新する

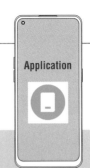

Application

本体のソフトウェアはセキュリティ向上のためなど、都度に更新が配信されます。Wi-Fi接続時であれば、標準で自動的にダウンロードされますが、手動で確認することもできます。

ソフトウェア更新を確認する

① 「設定」アプリを起動し、[デバイスについて]をタップします。

- ⭐ 特殊機能 >
- 🔵 Digital Wellbeing と保護者による使用制限 >
- ⚙️ その他の設定 >
- 🔲 デバイスについて • > **タップする**
- 👤 ユーザーとアカウント >
- Ⓖ Google

② 手動で更新を確認、ダウンロードする場合は、[ColorOS]をタップします。

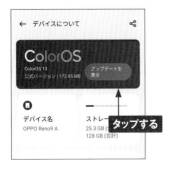

← デバイスについて 🔗

ColorOS
ColorOS 13
公式バージョン|172.95 MB アップデートを表示

🔲 デバイス名 **タップする** ストレージ
OPPO Reno9 A 25.3 GB (
128 GB (合計)

③ 更新の確認が行われます。

← :

⤵
アップデートを確認中...

④ 更新がない場合は、「最新バージョン」(または「お使いのシステムは最新の状態です」)と表示されます。更新がある場合は、[ダウンロード](または[今すぐインストールする])をタップして、後は画面の指示に従います。

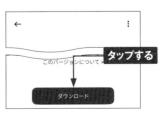

← :

タップする
このバージョンについて

ダウンロード

7

索引

191

お問い合わせについて

本書に関するご質問については、本書に記載されている内容に関するもののみとさせていただきます。本書の内容と関係のないご質問につきましては、一切お答えできませんので、あらかじめご了承ください。また、電話でのご質問は受け付けておりませんので、必ずFAXか書面にて下記までお送りください。
なお、ご質問の際には、必ず以下の項目を明記していただきますようお願いいたします。

1 お名前
2 返信先の住所またはFAX番号
3 書名
 （ゼロからはじめる OPPO Reno9 A ／ 7 A　スマートガイド）
4 本書の該当ページ
5 ご使用のソフトウェアのバージョン
6 ご質問内容

なお、お送りいただいたご質問には、できる限り迅速にお答えできるよう努力いたしておりますが、場合によってはお答えするまでに時間がかかることがあります。また、回答の期日をご指定なさっても、ご希望にお応えできるとは限りません。あらかじめご了承くださいますよう、お願いいたします。ご質問の際に記載いただきました個人情報は、回答後速やかに破棄させていただきます。

■ お問い合わせの例

FAX

1 お名前
　技術　太郎
2 返信先の住所またはFAX番号
　03-XXXX-XXXX
3 書名
　ゼロからはじめる
　OPPO Reno9 A ／ 7 A
　スマートガイド
4 本書の該当ページ
　40ページ
5 ご使用のソフトウェアのバージョン
　ColorOS 13
6 ご質問内容
　手順3の画面が表示されない

お問い合わせ先

〒 162-0846
東京都新宿区市谷左内町 21-13
株式会社技術評論社　書籍編集部
「ゼロからはじめる OPPO Reno9 A ／ 7 A　スマートガイド」質問係
FAX番号　03-3513-6167
URL：https://book.gihyo.jp/116/

ゼロからはじめる OPPO Reno9 A ／ 7 A　スマートガイド

2023年9月22日　初版　第1刷発行

著者 ………………………………… 技術評論社編集部
発行者 …………………………… 片岡　巌
発行所 …………………………… 株式会社　技術評論社
　　　　　　　　　　　　　　東京都新宿区市谷左内町 21-13
電話 ……………………………… 03-3513-6150　販売促進部
　　　　　　　　　　　　　　03-3513-6160　書籍編集部
編集 ……………………………… 竹内仁志
装丁 ……………………………… 菊池　祐（ライラック）
本文デザイン・DTP ………… リンクアップ
製本／印刷 …………………… 図書印刷株式会社

定価はカバーに表示してあります。

ISBN978-4-297-13671-0 C3055

Printed in Japan